献给我的女儿魏悉语。

为什么大象不听话

人类行为背后的25个心理学原理

魏知超 —— 著

北京联合出版公司
Beijing United Publishing Co.,Ltd.

图书在版编目（CIP）数据

为什么大象不听话：人类行为背后的25个心理学原理 / 魏知超著. -- 北京：北京联合出版公司, 2022.11
ISBN 978-7-5596-6465-5

Ⅰ.①为… Ⅱ.①魏… Ⅲ.①心理行为—通俗读物 Ⅳ.①B842-49

中国版本图书馆CIP数据核字(2022)第181517号

为什么大象不听话：人类行为背后的25个心理学原理

作　　者：魏知超
出 品 人：赵红仕
责任编辑：夏应鹏
封面设计：金梦依

北京联合出版公司出版
（北京市西城区德外大街83号楼9层　100088）
北京联合天畅文化传播公司发行
北京美图印务有限公司印刷　新华书店经销
字数190千字　880毫米×1230毫米　1/32　9.25印张
2022年11月第1版　2022年11月第1次印刷
ISBN 978-7-5596-6465-5
定价：56.00元

版权所有，侵权必究
未经许可，不得以任何方式复制或抄袭本书部分或全部内容
本书若有质量问题，请与本公司图书销售中心联系调换。电话：（010）64258472-800

目 录

第一章 心理与生理

原理 1 心脑一体——心理活动是大脑活动的产物 / 003

原理 2 大脑新旧混合、分层分工——脑的结构与功能定位 / 013

原理 3 激素善于变通——行为如何受激素调控 / 023

第二章 进化与基因

原理 4 婴儿天生聪慧——写在婴儿基因里的直觉与本能 / 037

原理 5 今人神似祖先——进化历程塑造人类心智 / 047

原理 6 精子多而便宜，卵子少而宝贵——两性关系的张力源自进化 / 057

原理 7 基因与环境粗细相佐——先天与后天如何分工合作 / 067

第三章 学习、成长与人格

原理 8 修剪神经，提升效率——童年的大脑如何发育 / 079

原理 9 因材施教——理想的教育是个性化的 / 089

原理 10 记忆易被修改——"抽象化"与"回忆"如何重构记忆 / 099

原理 11 人格有多个层次——生理、社会与意志如何塑造人格 / 108

第四章 感知、思维与决策

原理 12 扭曲真相，保障生存——感官并不忠实反映世界 / 119

原理 13 无比喻，难言语——人类善用比喻理解世界 / 129

原理 14 事出必有因——大脑渴望发现理由 / 138

原理 15 不求甚解——人类倾向做不充分的推理 / 149

原理 16 无意识、意识串联决策——两种决策路径如何配合 / 158

第五章　情绪、道德与意志

原理 17　情绪是行动的总指挥——感知、决策、记忆如何与情绪绑定　/ 171

原理 18　利用情绪获取社交收益——情绪可被用来传递信号　/ 182

原理 19　情绪来自建构——情境、文化、语言如何塑造情绪　/ 192

原理 20　情绪是道德的基础——是非判断很感性　/ 203

原理 21　情绪是意志力的基础——及时行乐，还是追求长远　/ 213

第六章　群体与文化

原理 22　错不在我——人有自我辩护的强烈动机　/ 225

原理 23　通过从众获益——从归属与学习的角度理解从众　/ 234

原理 24　破解囚徒困境，建立合作——合作关系如何建立　/ 245

原理 25　心智被文化塑造——文化的影响　/ 254

第七章　原理之上：心理学家的思维方式

限制条件很重要——如何正确理解和利用心理学知识　/ 267

先问"是不是"，再问"为什么"——如何通过提问深入问题核心　/ 275

比较思维——好不好、有没有效，是比较出来的　/ 282

第一章

心理与生理

有怎样的身体，就有怎样的心理。

原理1 心脑一体
——心理活动是大脑活动的产物

朋友老王是个意志力特别强大的人，总能咬牙做完别人难以坚持的工作。对他的顽强意志，你一向佩服得五体投地。有一回，老王在医学检查中偶然发现自己大脑里有某种神经递质分泌得特别旺盛，这种化学物质会让他比常人更容易忍耐枯燥的生活，抵御诱惑。

知道这个结果之后，你会改变对老王的看法吗？你是会继续对老王坚毅的**心理**品质表示钦佩，还是转而觉得老王只不过是**大脑**的生理机能异于常人，好像也没什么了不起的？

你最近感觉有点抑郁，做事打不起精神，是不是因为你的心理状态出了什么问题？该不该找个心理咨询师帮助自己调适心理状态？或者，会不会只是因为最近太累了，负责调节情绪的大脑相关区域机能受阻，这才变得有点郁郁寡欢？

你遇到的，到底是**心理**问题，还是与**大脑**有关的生理问题？

我觉得，上述问题的答案是：你不用改变对老王的态度，老王既有一颗异于常人的大脑，也拥有意志力强大的心智；你遇到的既是心理问题，也是与大脑有关的生理问题，不必纠结两者的区别。因为"心"与"脑"本就是一体。**心理活动是大脑活动的产物**——这就是"心脑一体"原理。

> **心脑一体**
>
> 心理活动是大脑活动的产物。尽管人的心理非常复杂，但它并不虚无缥缈，主观的心理世界牢牢扎根在客观的物理世界之上，这个物理基础就是我们的大脑。

"心脑一体"这个原理很简单却很重要，因为它是心理学这门学科，以及这本书的定海神针。它为我们定下了一个唯物的、科学的基调：尽管人的心理非常复杂，但它并不虚无缥缈，它是物理的，是生物的，是可以用科学的视角来理解的。主观的心理世界牢牢扎根在客观的物理世界之上，这个物理基础就是我们的大脑。

把"心理活动是大脑活动的产物"这个原理先印在脑中，是学习心理学知识的基础。但我们凭什么确定"心理活动是大脑活动的产物"呢？先来看几个有点极端的案例。

案例1：得州钟楼狙击手

1966年，美国得克萨斯州大学奥斯汀分校的一名学生查尔斯·惠特曼（Charles Whitman）持枪登上学校的钟楼，朝路过的平民无差别开火，造成13人死亡，32人受伤，然后才被赶来的警察击毙。这被认为是美国有史以来的第一起校园大屠杀事件。

惠特曼小时候是教堂唱诗班成员，在大学里主修工程。他很聪明，后来的婚姻也很幸福。但在枪击案发前一年，他曾去看过医生，说自己有严重的头痛和莫名其妙的暴力冲动（他甚至直接提到过想要从学校钟楼上朝人群射击）。

在开展大屠杀之前，惠特曼在家中亲手杀害了自己的妻子和母亲，并且在她们身边留下遗书。在遗书里，惠特曼说自己非常爱他的妻子，他对自己的行为感到困惑不解。他写道，"我没办法理性地指出（杀害她的）任何具体原因"，还说"你心中不必有一丝怀疑，我全心全意爱着这个女人"。

惠特曼还在遗书中要求解剖自己的大脑，他怀疑自己得了某种脑部疾病。后来的验尸结果证明惠特曼的直觉是对的——他的脑中有个胶质母细胞瘤（glioblastoma），这个脑瘤正好压迫到了大脑中的杏仁核（amygdala）部位。

根据目前的科学理解，杏仁核这个脑区的核心功能是"拉警报"[1]：当我们察觉到受到威胁时，杏仁核就会活跃起来，产生恐惧和焦虑的情绪，这会让大脑和身体都警铃大作，做好应对威胁的准备。

要消除威胁，可进也可退。如果一个人本来就处在容易进攻、容易向别人施加暴力的状态下，恐惧和焦虑就会增强暴力倾向，让人更容易用暴力来解决问题。科学家不止一次观察到，杏仁核的活跃与暴力活动的增加有关。如果一个人本来就处在想退缩、想逃跑的状态呢？那么活跃起来的杏仁核也会让人更干脆地"认怂"。杏仁核的活跃会造成什么结果，要视具体情况而定。

不巧的是，这位"得州钟楼狙击手"查尔斯·惠特曼是一个有一些暴力倾向的人，尽管他在遗书里强调自己有多爱妻子，但实际上他对妻子有过家暴的记录，从军时还曾经因为用暴力威胁同袍上过军事法庭。

于是，对惠特曼制造的大屠杀事件，一种合理的解释是：肿瘤的压迫让惠特曼的杏仁核反常地活跃，这种活跃严重地放大了他平时就有的暴力倾向。

在这个案例中，大脑里一个特定部位的病变把一个基本正常的普通人转变为杀人狂魔。那么，你觉得像惠特曼这样一个杀人狂魔是其主观的精神世界出了问题，还是身体或脑出现了客观的生理病变呢？

---

[1] Feinstein J S, Adolphs R, Damasio A, et al.The Human Amygdala and the Induction and Experience of Fear[J].Current Biology, 2011, 21（1）: 34-38.

显然，心理状态和脑的生理状态这两面其实是无法分开的。"我即我脑"，心灵是在大脑这个硬件上运行的软件，硬件出了故障，软件就一定会跟着出问题。脑与心灵，不可分割。

案例2："活在当下"的怪病

我们再来看一个案例，一种"活在当下"的怪病——莱尔米特征。

这种怪病是被一位叫弗朗索瓦·莱尔米特（François Lhermitte）的法国精神科医生在20世纪80年代初首次发现的[1]。莱尔米特医生当时正在治疗两名脑卒中不久的老年患者。他观察到这两名病人以一模一样的形式表现出一种怪异的行为模式，那就是他们彻底地"活在当下"——这两名病人的所有行为都由当前看到的事物引发。

有一回，莱尔米特医生给两名病人倒了两杯水，两名病人马上就端起杯子喝掉了。医生不停往杯子里倒水，病人就一直喝，一杯接一杯。哪怕到后来两名病人都开始抱怨撑得难受了，但只要一看见面前有一满杯水，他们还是会忍不住把水喝下去。

莱尔米特医生后来又做了一个试验：他把其中的一名男病人带到自己家里，就在进门前，他跟病人说了声："博物馆。"结果病人进门后就怀着极大的兴趣开始欣赏墙上挂的画和海报，还非常专注地欣

---

[1] Lhermitte F.Human Autonomy and the Frontal Lobes. Part Ⅱ: Patient Behavior in Complex and Social Situations: The "Environmental Dependency Syndrome"[J].Annals of Neurology: Official Journal of the American Neurological Association and the Child Neurology Society,1986,19（4）：335-343.

赏桌子上那些日用品，好像那些真的是艺术品一样。

这两名脑卒中病人去世之后，医生检查了他们的大脑，发现脑卒中破坏的是他们大脑里的同一个部位——前额叶皮层（prefrontal cortex，大脑皮层的一部分，位置大体在贴着额头的这个区域）。

前额叶皮层这个脑区对"行动的规划和控制"至关重要，它是大脑里负责克制冲动、做长远规划的决策司令部。正常人的前额叶皮层在接受从外界输入的各种信息的同时，也会结合大脑内部存储的知识做汇总分析，然后再下达行动指令。很多时候，前额叶皮层都在约束和控制我们的冲动行为。有它坐镇，我们的行动就不会完全被眼前的环境摆布。

但对于那两名病人来说，前额叶皮层的分析和约束能力因为脑卒中而停摆了，于是他们就只能从环境中收集线索，当下看到什么，他们就依据看到的线索来行动，成了彻彻底底地"活在当下"的人。

在这个莱尔米特征的案例里，一个人"做判断决策"的这种主观能力，也会随着一个特定脑区的损坏发生天翻地覆的变化。大脑这个硬件坏了，心智这个软件就一定会出现相应的问题。这又是一个"心脑一体"的例证。

案例3：磁场改变道德判断

要证明"心脑一体"，也不是非得观察上面这些罕见病例，下面这个涉及普通人的案例也同样说明问题。在这个案例里，一个普通人的道德判断居然可以被磁场改变。

在这个用磁场改变道德的实验[1]里，来自美国麻省理工学院的两位科学家让实验受试者阅读下面这个小故事[2]：

> 翠花和她的朋友在树林里露营。翠花找食物时发现了一些野生蘑菇。她认出这是一种毒蘑菇，吃下去会让人抽搐，甚至会死亡。但是，翠花还是偷偷把蘑菇混到食物里，让朋友吃了下去。结果，万幸的是，朋友吃完之后并没有任何不良反应。

在读完故事之后，科学家让受试者判断这个故事里的翠花是不是应该受到惩罚。

你应该注意到了，这个故事有个关键设定：主人公翠花有伤害别人的**意图**，但是却没有造成实际的伤害**后果**。

你觉得这种"有意图，无后果"的伤害行为应该受到惩罚吗？我猜大多数人会觉得翠花应该受到惩罚，因为多数普通人做道德判断时都会从对方的意图出发。对方如果有不良意图，那么哪怕没有实际造成不良后果，我们也会觉得那是不道德的。

---

[1] Young L, Saxe R. Innocent Intentions: A Correlation Between Forgiveness for Accidental Harm and Neural Activity[J]. Neuropsychologia, 2009, 47（10）: 2065-2072.
[2] 笔者对故事细节做了适当加工。

不过在这个实验里，奇怪的结果出现了——实验里有一部分受试者在读故事和给出判断时，他们大脑右半球的颞顶联合区（temporo-parietal region）这个位置正在被经颅磁刺激仪（transcranial magnetic stimulation）刺激着。

经颅磁刺激仪是最近的神经科学/心理学研究里使用得越来越广泛的一种"黑科技"设备。它的核心部件是一个能产生磁场的线圈。如果把它靠在头皮上，线圈产生的磁场穿过颅骨后，就能在大脑中一个狭窄的小区域里产生电流。从微观看，大脑主要通过神经元（neuron，也就是神经细胞）的电活动来加工、传递和处理信息，因此额外施加的电流会干扰那个区域正常的神经活动。

也就是说，在这项研究里，一部分受试者在做道德判断时，颞顶联合区这个部位的正常活动是被磁场产生的电流扰乱的。正是这部分受试者，给出了与普通人不一样的道德判断：他们普遍认为故事主人公翠花给同伴下毒的行为在道德上没有那么恶劣——反正故事里没有人受到实际伤害啊，为什么翠花还要负责呢？

为什么这组受试者会做出这种有悖常理的道德判断？这是因为，被仪器干扰的颞顶联合区正是与"判断意图"这个心理过程关系最密切的脑区。这个脑区一旦被干扰，故事里主人公的"意图"似乎就一下子显得不那么重要了，受试者们变得"只看重后果"。他们只从行为的后果来做判断，认为只要没有人真的出事，那就没什么不道德的。

道德在很多人看来可能是纯粹的心灵层面的事物，关乎人的灵魂，但是这项研究让我们看到，只要大脑皮层上的一小块区域被磁场干扰，一个人的道德标准居然就会发生剧烈的改变。这个案例又一次印证了"心脑一体"原理：只要大脑的运行状态被改变，主观的心灵世界就会跟着改变。

启发与应用：亲近科学的心理学

上面这三个案例应该已经能充分说明"心理活动是大脑活动的产物"这个基本原理。那么，理解"心脑一体"原理对于我们而言有什么用呢？

首先，就像本节开头所说，"心脑一体"原理帮我们树立起了一个最基本的观念：尽管人的心灵世界很神秘，但我们要相信心理现象是可以通过科学的观念和方法来理解的。毕竟，心灵再复杂，也是大脑的功能。

所以，如果你觉得自己遇到了一些心理方面的困惑，有了想要了解心理知识的愿望，那就应该多了解那些用科学的手段测试行为、收集数据得出的结论，尽量少求助于某些"舌灿莲花"的"大师"。尽管今天的心理学家对心智的了解远远谈不上充分，但他们正在积累一个个实验、一份份数据，逐渐夯实心理学学科的科学基础。

其次，我也希望借着本节提到的这些案例来扭转你对心理学研究的印象。说起心理学家，也许你的脑海里冒出来的画面是这样的：一个房间里，一位心理出了问题的病人躺在沙发上，旁边的心理学家正在给他催眠，或是询问他在童年时期经历过什么创伤。

但这早就已经不是今天心理学家的典型状态了。今天的心理学家大部分工作时间都是在实验室度过的。他们把一些志愿者召集到实验室里，让他们回答问题、完成任务，记录他们的反应，然后用数学工具分析这些反应的模式。

还有一些心理学家更进一步，跨在了心理学与神经科学的交界线上。他们穿着白大褂，在一间间摆满精密仪器的实验室里，用脑电仪、核磁共振仪探测志愿者的大脑活动。其实，心理学与神经科学的融合和跨界早已是常态。就拿前文介绍的那个考察道德判断的实验来说，我们压根说不清楚那是个心理学实验还是神经科学实验，也根本没有必要做这种区分。

心理学的宇宙可能远比你想象的更加辽阔。希望在这本书接下来的部分里，我可以与你一起略窥其中的奥妙。

扩展阅读

基思·斯坦诺维奇，《这才是心理学》（第11版），人民邮电出版社，2020年

推荐理由：一本帮读者鉴别真伪心理学的心理学经典入门读物。

原理2 大脑新旧混合、分层分工
——脑的结构与功能定位

"心脑一体"原理让我们看到心理活动是大脑活动的产物,由此引出了我们接下来的问题:心与脑的具体对应关系是怎样的?大脑[1]各个区域的活动分别对应哪种心理活动?

这就涉及大脑的结构与功能定位问题了。大脑的结构与功能定位的特点,可以用"**新旧混合,分层分工**"这个原理来概括。

所谓"新旧混合",是指大脑里有些部分相对比较"新",是在距今不久的进化历程中出现的;而有些部分则相对"古老",是在距今较久远的早期进化历程中发展成形的。大脑里有新有旧,是一个大

---

[1] 在日常口语中,"大脑"一词有时指包含脑干、小脑等在内的整个中枢神经系统(等同于英文中的brain一词),有时则仅指大脑皮层(等同于英文中的cerebral cortex一词)。本书取第一种含义。

杂烩。

所谓"分层分工",是指在进化不同阶段形成的大脑层级分别掌管不同的生理和心理功能,各司其职。不过,越复杂的心理过程往往越有可能涉及跨脑区、跨层级的协作,因此也就越难找到明确的功能定位——功能越复杂,定位也就越"缥缈"。

> **大脑新旧混合、分层分工**
>
> 新旧混合:大脑的某些部分相对比较"新",在距今不久的进化历程里出现;而有些部分则比较"古老",在距今较久远的早期进化历程中发展成形。
>
> 分层分工:在进化的不同阶段中形成的大脑层级,分别掌管着不同的生理和心理功能,但高级、复杂的心理过程往往涉及跨脑区、跨层级的协作。

"新旧混合"的大脑

我们先来看"新旧混合"。

大脑之所以有"新旧混合"的特点,是因为它并不是一个从零开始一步设计到位的器官,而是在进化的历程中逐步成形的。由进化塑造的事物,多多少少都会带有这种"新旧混合"的特点。

法国生物学家弗朗索瓦·雅各布(Francois Jacob)曾说:"进化是

个修补匠，而不是工程师。"[1]工程师在设计产品时可以从零开始，想要实现什么功能就对应设计最适合它的硬件和软件。想要设计一辆跑得最快的赛车，那就可以把它的外形设计成流线型，再给它安上马力最强劲的发动机……工程师是可以从零开始构思出最优设计的，但是"进化"可没法这么做。"进化"并不能从零开始，因为承载着这个过程的，是**一代又一代活生生的**生物体。

这里的第一个关键词是"一代又一代"。每一代生物的脱氧核糖核酸（DNA）序列都是从上一辈继承而来的，生物的每一步进化都只能在上一代DNA序列上产生一小部分改动而已。从上一代到下一代，不可能做到完全颠覆式的改变。一只鸟妈妈可能生出一只翅膀更宽阔的幼鸟，但不可能生出一匹小马。进化是在上一代的基础上微调，而不是从零开始自由创造。

另一个关键词是"活生生"。在基因传承的过程中，每一代生物体都得好好**活着**，然后才有可能把产生的那些变异基因传递下去。所以那些对于生物体来说"性命攸关"的身体结构，相对来说就更难被大刀阔斧地改变，心跳、呼吸、代谢这些基本功能必须得在每一代生物体上都完好地运作。为了让肺部进化得更完美，就让心脏先委屈一下，停一停——进化的机制可做不到这一点。

造成的结果就是，尽管今天活跃在世界上的各种生物在某些生理

---

[1] Jacob F. Evolution and Tinkering[J]. Science, 1977, 196 (4295): 1161-1166.

结构上已经变化得跟它们远古的祖先相距甚远，但它们身体里那些掌管着呼吸、基础代谢等基本生理功能的结构，改变得却往往没有那么剧烈。

如果我们把进化想象成一个打算改造一辆老爷车的汽车工程师，那么他面临的难题就是：在改造这辆老爷车时，车每时每刻都有可能被拉到路上跑一会儿，所以他得保证发动机系统、刹车系统这些核心部件随时正常运转。于是对这些核心部件，工程师只能慢慢地做些谨小慎微的调整。这哪还像是一个汽车工程师？这分明就是一个修旧车的修理工。所以说，"进化是个修补匠，而不是工程师"。

这个道理套用在大脑的进化历程上也同样成立。大脑也不是一辆从零开始设计出来的跑车，它同样是"进化"这个修补匠在更"古老"的神经系统上一步步修修补补，改造成现在这个样子的。

这就是为什么大脑是个"新旧混合"的大杂烩，有些部分比较"现代"（甚至是人类独有的），但有些部分（尤其是那些掌管基础代谢的神经结构）却相对"古老"。

那么，"新旧混合"具体是如何混合的？我们来看看大脑结构的细节。

"分层分工"的大脑

人类大脑在结构上有点像一个冰激凌甜筒。在进化历程中，当大脑增加更高级的功能时，它并不会彻底推倒原有的神经结构，而是在原有的结构基础上"生长"出较新的结构,就像是在冰激凌甜筒的顶上又加上一个冰激凌球。越底层的冰激凌在进化史上出现得越早,功能也越简单;越顶层的冰激凌在进化史上出现得越晚,功能也越复杂多样。

具体来说,从底层到顶层,大脑里大致有这么几个"冰激凌球"(如图1-1)。

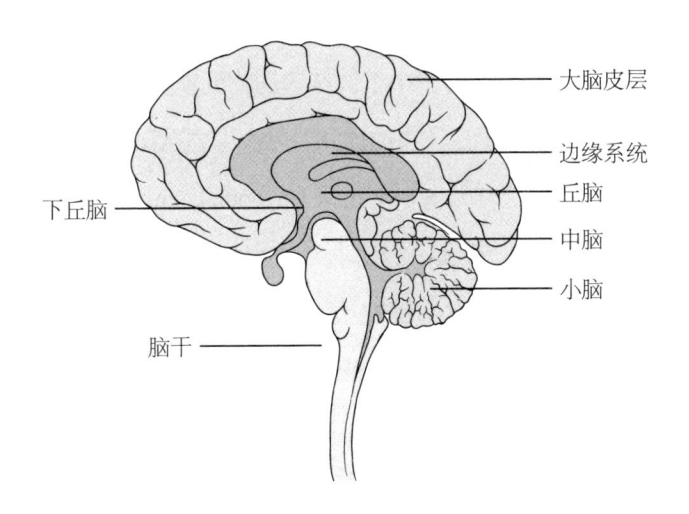

图1-1 大脑结构示意图

最底层的那个"冰激凌球"是**脑干**(brainstem)。脑干是身体控制调节中枢,负责那些不需要意识控制的生命必需功能(心跳、血压、呼吸节奏、体温和消化等)。脑干还是一些重要反射活动的协调中枢,比如打喷嚏、咳嗽和呕吐都由脑干负责。一些调节清醒—睡眠状态的药物(比如咖啡因)就是作用于脑干区域的。

第二个"冰激凌球"是**小脑**（cerebellum）。小脑有调节运动的功能，我们平时爱形容那些运动能力不太好的人"小脑不发达"，就是缘于此。小脑也负责调节一部分知觉。我们给自己挠痒痒时之所以不会觉得痒，正是因为小脑调节知觉的功能在起作用。当大脑指挥手臂给自己挠痒痒时，小脑会识别出这是自身的动作，并抑制它的效果（有些小脑受损的病人由于该机制失灵，给自己挠痒痒时也会觉得痒）。

第三个"冰激凌球"是小脑之上的区域——**中脑**（midbrain）。中脑里有初级的视觉和听觉中枢。某些动物最主要的感觉中枢就在中脑，比如青蛙吐舌头粘住飞虫的动作，就由中脑指挥。

第四个"冰激凌球"——**下丘脑**（hypothalamus），负责维持身体内部环境的稳态。我们感到冷的时候，身体会打冷战，通过肌肉运动产生热量，这就是下丘脑实现的功能。另外，饥饿、口渴这些感觉也都是在下丘脑被激发的。它可以说是跟"吃喝拉撒"关联最密切的脑结构。

第五个"冰激凌球"——**丘脑**（thalamus），是大脑的中继站，它是以上这些较底层的脑结构与接下来将要介绍的高级脑结构之间的联络枢纽。丘脑负责向更高级的脑区传送下层脑区收集到的感觉信号（比如冷、暖、饥、饱等），以及反过来向下层脑区传送高级脑区的指令（比如抬胳膊、屈腿等）。

第六个"冰激凌球"是**边缘系统**（limbic system）。如果沿着鼻梁这条线把大脑左右切开，很大一部分脑结构会暴露出来，但边缘系统是个例外。边缘系统深埋在大脑内部，是所有脑结构中被包裹得最严实的区域。边缘系统里有两个特别重要的结构——**海马体**（hippocampus）**与杏仁核**。海马体担负着一部分记忆存储的功能，而杏仁核则与情绪密切相关。上节中"得州钟楼狙击手"查尔斯·惠特曼脑中的胶质母细胞瘤压迫到的正是杏仁核。

边缘系统也是大脑意识和无意识交会的十字路口，在它之下的那几个"冰激凌球"里，无意识占主导；而在它之上，意识的主导权才开始显现。

最后，我们来到了大脑的外表层，这里有脑中的第七个"冰激凌球"——**大脑皮层**（cerebral cortex）。大脑皮层是神经系统在进化史上最晚出现、功能也最高级的部分。我们人类拥有所有动物中最发达的大脑皮层。人类能"称霸"地球靠的是无与伦比的思考能力，而逻辑推理、制订计划、总结经验、权衡利弊、想象、创造等高级思考能力，都是以大脑皮层为依托而展开的。我们人类这个物种的荣耀，在很大程度上就构建在大脑皮层之上。

人的自我意识，也就是"我如何如何"这样的主观体验，主要也是在大脑皮层上产生的。"你"在哪里？可以说，你就在你的大脑皮层上。

虽然略过了很多重要性相对次要的脑结构，但到这里，我们基本上已经把大脑的"冰激凌甜筒结构"看清楚了。最下面的第一个"冰激凌球"——脑干，跟青蛙、蜥蜴区别不大；中间的第二到五个，跟老鼠没有本质上的差别（当然，细节差异巨大）；而最上面的这个"冰激凌球"，虽然别家也有卖，但我们人类是"独家限量超大勺"。

我们也看到，大脑的不同层级分别掌管不同功能，各司其职。意识、决策等最高级别的功能位于大脑皮层；控制呼吸节奏、体温等低级的功能位于脑干；在它们之间，是参与相对高级的无意识功能的脑区——中脑、下丘脑、小脑。这就是大脑"分层分工"的特点。

但在"分层分工"这个笼统的结论之下，我们还要关注一个重要的细节，那就是：功能越复杂，定位就越"缥缈"。

越靠近下层的"冰激凌球"，脑结构与功能之间的对应关系就越简单明确。比如，神经科学家能明确告诉我们，"呕吐"这样的反应是由脑干里的哪一个具体结构负责的[1]。但越是靠近上层的"冰激凌球"，在脑结构与功能之间建立对应关系就变得越困难。比如说，对过去经历的一段记忆具体由大脑的哪个区域负责记录和存储？这种功能定位就变得非常困难。对于"决策""创造"这种最高级的大脑功能，明确的定位就更是不可能了。

大脑高级功能的定位之所以困难，大致是因为以下两种情况：

第一种情况是，随着时间的流逝，一项功能在大脑中的定位并不

---

[1] Mann S D, Danesh B J, Kamm M A. Intractable Vomiting Due to a Brainstem Lesion in the Absence of Neurological Signs or Raised Intracranial Pressure[J]. Gut, 1998, 42 (6) : 875-877.

是一成不变的：比如，有证据表明，记忆先在海马体储存一段时间，但后来会被转移到大脑皮层中的其他区域[1]。

第二种情况是，像"决策"这样的复杂心理过程，通常都涉及多种信息的汇集，以至于一个决策任务是**跨脑区协作完成的**[2]，这样的高级心理过程也很难定位到某一个具体的脑区里。

这就是为什么大脑越底层的结构在功能定位上就越简单明了，越上层的结构，定位就越模糊。

启发与应用：优势解，而非最优解

在这一节里，我们不仅了解到大脑的基本结构，也触及了进化论中的一个基础原理：进化往往会塑造出问题的优势解，而非最优解。

"进化是个修补匠，而不是工程师"，"进化"对生物体的改造受到诸多现实因素的限制，并不能从零开始设计理想化的完美生物体。进化本质上是"相对优势"的胜利。那些相对于其他个体而言拥有一点点优势的个体能产生更多的后代，于是成为物种的主流。

工程师雷厉风行的效率固然引人注目，但我们也不要忽视修补匠的细水长流。"寻求优势解，而非最优解"这种解题思路或许也是一

---

[1] Preston A R, Eichenbaum H. Interplay of Hippocampus and Prefrontal Cortex in Memory[J]. Current Biology, 2013, 23（17）: R764-R773.
[2] Kennerley S W, Walton M E. Decision Making and Reward in Frontal Cortex: Complementary Evidence From Neurophysiological and Neuropsychological Studies[J]. Behavioral Neuroscience, 2011, 125（3）: 297.

种我们可以借鉴的日常处事法则。如果直奔最优解遇到阻碍，那我们可以转换思路，试试参考进化的模式，把一系列解题方案抛进现实，看看哪些方案拥有"相对优势"，最后从这些拥有相对优势的解题方案中逐渐摸索出更好的优势解。

扩展阅读

戴维·林登，《进化的大脑：赋予我们爱情、记忆和美梦》，上海科学技术出版社，2011年

推荐理由：关于进化的力量如何塑造大脑的科学读物。

原理3 激素善于变通
——行为如何受激素调控

我们已经知道，心理与大脑是一体两面。但大脑并不是一个独立的器官，它与身体其他部分组成了一个有机整体，它们之间存在极其复杂的互动。所以相应地，大脑也并不是独立地产生心理活动。我们的心智实际上会受到大脑以外的各种生理机制的调控，其中最普遍的一种机制就是**激素**（hormone，旧称荷尔蒙）对心理活动的调控。

激素产生于分布在身体各处的内分泌腺（endocrine gland，包括脑下垂体、松果腺、胰腺、肝脏、胸腺、甲状腺、肾上腺、卵巢和睾丸等）中。激素生成后，直接进入血液循环系统在体内循环，直到在目标组织或器官内与相应的受体结合，引发特定的生理或心理反应。在功能上，激素属于化学信使（chemical messenger），通过将化学信号从一个部位发送到另一个部位来促成身体不同部位之间的沟通。激素的调节范围包括但不限于细胞和组织的生长发育、体温、对食物的消化吸收，以及情绪的启动和维持等。

大脑不同区域中也遍布着各种激素受体，因此我们的心理和行为自然受到激素的调控。激素对心理和行为的调控，呈现出这样一种普遍规律：

一种激素通常不会只与某一种特定的行为绑定，而是会围绕一个核心目标，视具体情况激发出多种不同的行为。激素的功能通常是与这个核心目标绑定的。激素很"懂得变通"，为了实现核心目标，激素能在不同的条件下激发出各种不同的行为反应。

我们不妨把这个规律称为**"激素善于变通"**原理。下面以**睾酮**和**催产素**这两种激素为例，来看激素是如何通过变通的手段来实现它们的核心目标的。

> **激素善于变通**
>
> 激素能调控行为，但一种激素通常不止诱发一种行为。激素的功能通常并不与一种特定的行为绑定，而是与一个核心目标绑定。激素可以围绕这个核心目标，"变通地"诱发不同的行为。

案例1：睾酮的"光明面"

睾酮（testosterone）由男性的睾丸或女性的卵巢分泌（肾上腺也分泌少量睾酮），对男性和女性身体机能都有重要影响，性欲、力量、免疫功能及男性性征的发育等，都受到睾酮调节[1]。

睾酮是一种名声不太好的激素。因为长久以来，人们普遍认为（包括很多科学家也曾经这么认为）睾酮要为男性的暴力行为负责。乍一看，"睾酮导致暴力"的证据似乎相当充分——

在几乎整个动物王国和所有人类文化里，雄性都比雌性更加暴力，更具有攻击性。而雄性恰恰比雌性拥有高得多的睾酮水平[2]，而且雄性恰好也是在睾酮水平最高时表现出最高水平的攻击性。比如，男性一生中睾酮水平最高的时期是青春期，而青春期恰好也是人类男性的"暴力行为高发期"[3]。个体之间的比较也显示出同样的趋势：有一项研究表

---

[1] Nassar G N, Leslie S W. Physiology, Testosterone[J]. 2018.
[2] Goymann W, Wingfield J C. Male-To-Female Testosterone Ratios, Dimorphism, and Life History—What Does It Really Tell Us?[J]. Behavioral Ecology, 2014, 25（4）: 685-699.
[3] Olweus D. Testosterone in the Development of Aggressive Antisocial Behavior in Adolescents[M]//Prospective Studies of Crime and Delinquency. Dordrecht: Springer, 1983: 237-247.

明，攻击性较高的男性罪犯，其睾酮水平也相对较高[1]。

睾酮与暴力行为的联系还有神经科学方面的证据，大脑的杏仁核（又是杏仁核）中有数量庞大的睾酮受体，所以杏仁核是睾酮的主要作用对象之一[2]。而我们已经知道，杏仁核在特定条件下与暴力行为密切相关。

不过，有经验的读者可能已经敏锐地发现，上述研究提供的都是"相关性"解释。睾酮水平与暴力行为相关，并不意味着两者有直接的因果关系，即使有，也无法说明因果方向。比如有证据表明，攻击性行为会刺激睾酮的分泌[3]。所以，有可能是那些男性罪犯"到处惹事、经常打架"的行为导致了更高的睾酮水平，而不是高水平的睾酮导致了攻击行为。

因此，要证明睾酮与攻击行为之间的因果关系，科学家就得动用实验法：直接操纵实验对象体内的睾酮水平，然后观察他们在不同睾酮水平下的反应。但一系列实验数据揭示的结果却呈现出相互矛盾的趋势，让人十分困惑。

在有的实验中，科学家的确找到了"高睾酮水平导致高攻击性"

---

[1] Dabbs Jr J M, Carr T S, Frady R L, et al. Testosterone, Crime, and Misbehavior among 692 Male Prison Inmates[J]. Personality and Individual Differences, 1995, 18（5）: 627−633.
[2] Radke S, Volman I, Mehta P, et al. Testosterone Biases the Amygdala Toward Social Threat Approach[J]. Science Advances, 2015, 1（5）: E1400074.
[3] Christiansen K. Behavioural Correlates of Testosterone[M]//Testosterone. Berlin: Springer, 1998: 107−142.

的证据。例如，动物实验表明，将雄性动物的睾丸切除（去势）之后，动物的攻击性显著下降；而如果给去势的动物人工补充睾酮，那么它们的攻击性就会回到去势之前的水平[1]。

但另一些实验得到的结论却与上述实验结果大相径庭。在瑞士苏黎世大学的克里斯托夫·艾森格（Christoph Eisenegger）和恩斯特·费尔（Ernst Fehr）主持的一项研究[2]中，研究者让参与实验的男性受试者玩"最后通牒游戏"（Ultimatum Game）。这是一种分配金钱的博弈游戏，由甲乙两人共同参与，研究者发给甲一笔金钱，由甲向乙提出一个分钱方案，分钱比例不受任何限制。甲既可以把钱平分，也可以做"大善人"，把大部分钱分给乙；当然也可以做"吝啬鬼"，自己拿下大头，只分小部分钱给乙。但在甲提出分钱方案后，乙有权选择接受或者拒绝分钱方案。如果乙拒绝，所有钱就会被研究者收回，甲乙两败俱伤，颗粒无收。

苏黎世大学的这两位研究者在这个研究中想要考察的问题是：如果甲在参与游戏前摄入了一定剂量的睾酮，那他是会变得更像"大善人"，还是更像"吝啬鬼"呢？睾酮的作用假如真的是提高攻击性，把人变成"暴躁老哥"，那么此人应该会变得更加不友善，因而更可

---

[1] Arnold A P. The Effects of Castration and Androgen Replacement on Song, Courtship, and Aggression in Zebra Finches(Poephila Guttata)[J]. Journal of Experimental Zoology, 1975, 191（3）: 309-325.
[2] Eisenegger C, Naef M, Snozzi R, et al. Prejudice and Truth about the Effect of Testosterone on Human Bargaining Behaviour[J]. Nature, 2010, 463（7279）: 356-359.

能提出苛刻、吝啬的分钱方案。但真实的实验结果却恰恰相反：摄入睾酮之后，受试者反而变成了"大善人"，他们在分钱时反而比那些没有摄入睾酮的受试者更慷慨，愿意分更多的钱给对方。让渡自己的金钱利益给其他人，这是典型的亲社会行为，为什么明明该提高攻击性的睾酮反而助长了亲社会行为呢？

这是因为，睾酮实际上并不会直接导致攻击行为。睾酮真正的功能其实是——维护或者提升地位[1]。每当人类或其他动物产生"我需要维护或者提升我的地位"这种心理需求时，睾酮就会在不同情境下诱发不同的行为，来为"维护或者提升地位"这个核心目标服务。

睾酮的确会提升攻击性，但它提升的其实是那些能维护或者提升自身地位的攻击行为。侏长尾猴（Talapoin Monkey）这种灵长类动物有森严的等级结构，一个猴群中地位高的公猴对地位低的公猴有相当大的支配权。那么，在这个等级结构比较稳固（高地位的公猴身强体壮）时，如果让猴群里中等地位的公猴摄入睾酮，它们的攻击性会发生什么变化呢？一项实验[2]发现，中等地位的公猴摄入睾酮后，攻击性会提高。但重要的是，它们并不会去攻击那些身强体壮的高地位公猴，而是会变本加厉地欺负比自己地位低的公猴。在等级结构比较稳

---

[1] Wingfield J C, Hegner R E, Dufty Jr A M, et al. The "Challenge Hypothesis": Theoretical Implications for Patterns of Testosterone Secretion, Mating Systems, and Breeding Strategies[J]. The American Naturalist, 1990, 136 (6) : 829-846.
[2] Dixson A F, Herbert J. Testosterone, Aggressive Behavior and Dominance Rank in Captive Adult Male Talapoin Monkeys(Miopithecus Talapoin)[J]. Physiology & Behavior, 1977, 18 (3) : 539-543.

固的情境下，攻击高地位的公猴只会招致失败，导致自己的社会地位降低，而攻击低地位的公猴却可以巩固自己的地位。可见，睾酮诱发的攻击行为其实非常"功利"，它是为"维护或者提升地位"这个核心目标服务的。

更有意思的是，当一个人只有"做个好人"才能巩固自己的地位时，睾酮引发的行为就会发生180度反转——它不但不会激发攻击行为，反而会诱发友好行为。这就是"最后通牒游戏"实验里发生的情况。先前已有相关研究表明，如果一个人在"最后通牒游戏"中给出的提案被对方否决，此人就会感觉自己受到冒犯，继而感觉自己的社会地位下降。因此，在参加"最后通牒游戏"时，受试者其实非常担心自己的分钱方案被对方否决，于是他们摄入的睾酮诱发了更慷慨的举动，以便维护一个人受他人重视的自我感觉。睾酮所服务的核心目标——维护或提升地位——没有变，但诱发的行为却不再是攻击行为。

由此可见，睾酮这种激素的功能并不是与"攻击"这一特定行为绑定的，而是服务于"维护或者提升地位"这个核心目标。睾酮围绕这个核心目标，"变通地"诱发攻击行为或亲社会行为。睾酮对行为的调控视具体情境而定，时而展现"黑暗面"，时而展现"光明面"。这就是"激素善于变通"原理的体现。

我们再来看看，这个原理是如何体现在另一种重要激素——催产素的功能表现上的。

案例2：催产素的"黑暗面"

催产素（oxytocin）主要在下丘脑中产生，经由垂体后叶（posterior pituitary）进入血液循环系统。如果说睾酮被人广泛关注的是它的"黑暗面"的话，那么催产素最广为人知的就是它的"光明面"。催产素常被人称为"爱的荷尔蒙"，因为有大量证据显示，催产素是跟"爱"这种情感绑定在一起的。

母亲在分娩婴儿时和哺乳期都会分泌大量催产素。母亲血液中催产素的含量越高，她就越会情不自禁地去抱婴儿，喜欢照看婴儿，朝着婴儿微笑。催产素其实就是母爱的根源，它制造了一条感情纽带，把母亲与婴儿紧紧地绑定在了一起[1]。

对于成年人来说，催产素对维系亲密关系来说也必不可少。以色列巴伊兰大学露丝·费尔德曼（Ruth Feldman）的研究[2]发现，热恋期情侣体内的催产素水平甚至超过孕期妇女；而且，热恋时体内催产素水平最高的那些情侣，在六个月后仍然在一起的概率也显著高于其他情侣。

科学家后来还发现，催产素不但能增进亲人、爱人之间的亲密关系，甚至可以增进陌生人之间的亲密感。如果先在鼻腔里喷一些催产

---

[1] Galbally M, Lewis A J, Ijzendoorn M, et al. The Role of Oxytocin in Mother-Infant Relations: A Systematic Review of Human Studies[J]. Harvard Review of Psychiatry, 2011, 19 (1): 1-14.
[2] Schneiderman I, Zagoory-Sharon O, Leckman J F, et al. Oxytocin During the Initial Stages of Romantic Attachment: Relations to Couples' Interactive Reciprocity[J]. Psychoneuroendocrinology, 2012, 37 (8): 1277-1285.

素（可以暂时提高血液里的催产素浓度），人们就会在接下来的实验任务里更容易信任一起参与实验的陌生人[1]。

总之，似乎所有证据都指向同一个结论：催产素让世界充满爱。于是，"爱的荷尔蒙"这个绰号声名鹊起。在一些西方国家，一度还出现了很多催产素商品（比如各种催产素鼻腔喷雾剂）。商家宣称，使用这些商品能大大提升人与人之间的亲密关系。

但随着科学研究的深入，科学家逐渐发现，催产素的作用并不那么简单。最让人惊讶的是，催产素并不只会催生"爱"，在某些情境下，它也会催生"恨"。催产素也有它的"黑暗面"。

有研究[2]发现，催产素实际上也会强化人们对那些负面社交经历的感受。比如说，你被老板当着同事的面训了一通，颜面扫地，这时你体内的催产素浓度也可能会飙升。而且催产素飙升得越高，你事后回忆起这件事就会觉得越痛苦，对老板也会越发痛恨。再如，在荷兰阿姆斯特丹大学的卡斯滕·德·德勒（Carsten de Dreu）团队的一项研究里，两位受试者被置于一个两难局面中：他们既可以选择信任对方，采取合作的态度将两人的利益最大化；也可以先发制人出

---

[1] Kosfeld M, Heinrichs M, Zak P J, et al. Oxytocin Increases Trust in Humans[J]. Nature, 2005, 435 (7042): 673-676.
[2] Mitchell I J, Gillespie S M, Abu-Akel A. Similar Effects of Intranasal Oxytocin Administration and Acute Alcohol Consumption on Socio-Cognitions, Emotions and Behaviour: Implications for the Mechanisms of Action[J]. Neuroscience & Biobehavioral Reviews, 2015, 55: 98-106.

卖对方，从中获利[1]（详见第六章"原理24 破解囚徒困境，建立合作"）。结果发现，在这种相互猜忌的不友好情境里，摄入催产素的那一方更有可能选择出卖对方，而非采取合作态度。

基于此类研究结果，有科学家提出，催产素真正的功能可能是放大各种社会经历的影响，无论它们是积极的还是消极的[2]。在积极的社交环境里，我们把身边的其他人当作自己的伙伴，这时催产素放大了那些积极的感受，让我们与同伴之间建立起更牢固的、积极的情感纽带。这时候的催产素呈现出的面貌就是"爱的荷尔蒙"。但在消极的社交环境中，我们把身边的其他人当作对自己有威胁的敌人，这时催产素会放大那些消极的感受，让我们用更激烈的反应来对抗威胁。这时候，它呈现出的面貌就是"恐惧的荷尔蒙"和"仇恨的荷尔蒙"。

换句话说，催产素其实是为"区分敌我"这个核心目标服务的。围绕着核心目标，催产素会"变通地"诱发增进亲密的行为或者对抗威胁的行为。与睾酮类似，催产素对行为的调控也视具体情境而定，时而展现"光明面"，时而展现"黑暗面"。这也是"激素善于变通"原理的体现。

---

[1] De Dreu C K, Greer L L, Handgraaf M J, Shalvi S, et al. The Neuropeptide Oxytocin Regulates Parochial Altruism in Intergroup Conflict among Humans[J]. Science, 2010, 328 (5984): 1408-1411.
[2] Duque-Wilckens N, Steinman M Q, Busnelli M, et al. Oxytocin Receptors in the Anteromedial Bed Nucleus of the Stria Terminalis Promote Stress-Induced Social Avoidance in Female California Mice[J]. Biological Psychiatry, 2018, 83 (3): 203-213.

启发与应用：找出隐藏变量

睾酮和催产素这两个案例让我们看到，激素对行为的调控相当微妙，它们并不与特定的行为绑定，而是围绕核心目标，依据情境"变通地"调整行为。

除了帮助我们理解激素调控行为的规律，"激素善于变通"原理也给我们带来一个启示：就如睾酮与攻击行为的关联是通过"维护地位"这个隐藏变量建立起来的，纷繁复杂的生活现象背后，或许也存在各式各样的隐藏变量。当我们试图理解事物之间的相互关系时，除了考察直接的因果联系，也应该思考在它们之间是否还存在着一些隐藏变量。这是我们观察世界时一个化繁为简的视角。

扩展阅读

罗伯特·萨波尔斯基，《行为：暴力、竞争、利他，人类行为背后的生物学》（*Behave: The Biology of Humans at Our Best and Worst*），Penguin Books，2018年

推荐理由：关于亲社会行为与暴力行为的百科全书式综述。

第二章

进化与基因

人性中的一部分是"先天"的，继承自祖先，由进化塑造。

原理4 婴儿天生聪慧
——写在婴儿基因里的直觉与本能

本章与下一章里，我们将从心理学的视角审视一个古老的哲学命题：人性到底是先天的还是后天的？你是天生如此，还是被后天的教养塑造成了今天的样子？这个问题的简单答案是："你"是被你的基因和你经历的环境共同塑造的，先天与后天相互交织，共同塑造了人性。本章我们先探讨人性中"先天"的那部分，下一章里再论及"后天"的教养。

要考察基因之于人性的意义，人类婴儿的行为或许是我们的最佳观察样本。可为什么是婴儿？

如何从"后天"中分离出"先天"

心理学家很早就相信，人是由先天的遗传因素和后天的环境因素共同塑造出来的。要证明后天的环境能塑造一个人并不难，只要把人置于一种环境因素的作用之下，观察环境如何改变他即可。比如，每次孩子一不听话就被罚站，一段时间之后孩子变得听话了，那我们就可以说"罚站可以让孩子变得更听话"——可见孩子的行为被环境因素塑造，逻辑简单明了。

可是想要证明先天的基因也能塑造一个人，那就没有这么简单了。因为"先天"和"后天"通常混杂在一起。你和你父亲一样都很幽默，是因为你从父亲那里继承了幽默的基因呢，还是因为你天天跟父亲生活在一起，他言传身教，你耳濡目染，从他那儿学到了幽默感呢？只要你是在父亲的抚养和教育下长大的，先天的遗传和后天的教养就叠加在了一起，我们就没法说清楚先天的遗传因素到底在其中起了多大作用。

那应该怎样把后天的环境和教养等因素剥离？最直接的解决方法就是观察婴儿的表现。如果刚出生不久的婴儿就已经表现出一些不用任何教养就天生自带的本领和行为模式，就可以说明有些心理和行为模式不是后天习得而是先天自带的，由基因控制和决定。

> **婴儿天生聪慧**
>
> 基因赋予婴儿一些无须教养就天生自带的直觉和本能，婴儿靠着这些直觉和本能来跟世界发生最初的互动。

因此，婴儿的行为就成了考察"基因如何塑造心智"这个问题的绝佳观察样本。那么，婴儿的行为有什么特点呢——婴儿可以说是**"天生聪慧"**。哪怕是刚出生的小婴儿，大脑中也并非一片空白，而是"内置"了很多直觉与本能（就像手机出厂自带的预装应用程序），婴儿是靠着这些直觉和本能来跟这个世界发生最初的互动的。婴儿的"天生聪慧"正是"先天的人性"最直观的呈现。

我们来看几个案例。

案例1：婴儿是小小物理学家

先来看婴儿的"物理直觉"。

婴儿其实都是小小物理学家，天生具备一些关于这个物理世界应该如何运行的朴素观点。比如说，4个月大的婴儿就知道一个物体不能像幽灵一样**穿过**另一个物体。婴儿如果看到积木前面的一块板子向后跌落，却没有搭在积木上，而是穿过了积木占据那块空间，他们就会感到很惊讶，一直盯着积木和板子看[1]。

婴儿还有这样一种直觉：他们认为物体必须沿着**连续的轨迹移动**，不会在某处消失，又凭空在另一处现身。在婴儿面前摆上两块幕布，中间有一道缝隙，当婴儿看到一个小球进入左侧幕布的后方，一会儿之后又从右侧幕布的右侧重新出现，可它却没有穿过两块幕布之

---

[1] Baillargeon R. Physical Reasoning in Infancy[J]. The Cognitive Neurosciences, 1995: 181-204.

间的缝隙，这时婴儿就会认为自己看到的是两个小球[1]。

心理学家伊丽莎白·斯波尔克（Elizabeth Spelke）和菲利普·凯尔曼（Philip Kelman）想了解，婴儿是基于哪些规则把他们看到的东西当作一个完整的物体而不是几个不同的物体，为此设计了这样一个实验[2]：他们在婴儿眼前放一张不透光的幕布，然后从幕布的顶端和下端分别伸出两根棍子的一小截。结果，只要从幕布上端伸出的棍子和从下端伸出的棍子**同步运动**（比如上面一截往左，下面的也往左，而且速度一致），婴儿就觉得上下两根棍子其实是连在一起的，是同一根棍子的上下两部分。如果幕布揭开之后，他们发现那居然是两根棍子，婴儿就会感到很惊讶，一直盯着棍子看。

由此可见，几个月大的婴儿虽然看起来懵懵懂懂，但其实相当"聪慧"，他们头脑中有不少天生自带的关于物理世界的概念和观念。

不过，我们也不能太高看这种天生自带的物理直觉，毕竟它们只是直觉，而不是真正的物理学知识。婴儿之所以具备这些直觉，很可能是因为它们会帮助婴儿更有效地与这个**真实的**物理世界互动，提高婴儿的生存概率。于是，在祖先的进化历程中，这种直觉被编码到了

---

[1] Spelke E S, Phillips A, Woodward a L. Infants' Knowledge of Object Motion and Human Action[M]//Causal Cognition: A Multidisciplinary Debate. Oxford: Oxford University Press, 1995: 44-78.
[2] Kellman P J, Spelke E S. Perception of Partly Occluded Objects in Infancy[J]. Cognitive Psychology, 1983, 15 (4)：483-524.

基因里,并在生命的最早期就开始起作用,成了婴儿"出厂自带"的"预装应用程序"。

但我们也要意识到,真实世界并不是理想的、抽象的物理世界。比如,真实世界里到处都有摩擦力,而婴儿的确也直觉地相信一个运动的物体有停下来的趋势。有了这种直觉,婴儿就更有可能在一个充满摩擦力的世界生存。但是,我们只要学过初中物理就知道,"运动物体有停下来的趋势"这种直觉其实是错的,它违背牛顿惯性定律。

案例2:婴儿是小小生物学家

除了"物理成绩"不错,小婴儿们的"生物学成绩"也不赖。我们来看看婴儿的"生物学直觉"。

出生没多久的小婴儿就能把物体分为有生命的和无生命的两种。比如说,6~7个月大的婴儿就已经知道没有生命的**物体**要靠彼此碰撞才能动起来,而人则靠自己的意志决定是否运动[1]。

3个月大的婴儿如果看到一张脸突然静止不动,就会变得烦躁不安。他们会一直盯着那张脸看。但如果他们看到一个没有生命的物体突然停止移动,就不会觉得有什么异样,没多久就会把目光转移

---

[1] Premack D. The Infant's Theory of Self-Propelled Objects[J]. Cognition, 1990, 36(1): 1-16.

开[1]。

其实,婴儿是特别善于识别人脸的。在美国心理学家罗伯特·范茨(Robert L.Fantz)主持的一项实验[2]里,研究者给婴儿看三个椭圆图形:一个是人脸的简笔画;一个是人脸的变形,有点像京剧里的脸谱;最后一个是一部分黑色、剩下部分白色的简单几何图案。结果,婴儿最喜欢注视的是人脸简笔画,其次是人脸的变形,而对黑白几何图案几乎不感兴趣。人的面孔是被婴儿另眼相看的。

从进化的角度来看,这很可能是由于人类婴儿特别依赖成人的照顾,因此识别人脸对婴儿来说有很重大的生存意义。于是,识别人脸这种能力也在进化的历程中被写进了基因里,成了婴儿天生就具备的一种本能。

关于婴儿识别人脸的本领,有一个实验[3]的结果相当匪夷所思:英国的一个研究团队将光点照射到怀孕母亲的肚皮上,让胎儿可以透过子宫壁观察这些光点。结果他们发现,胎儿更喜欢盯着看三个点形成的倒三角形——类似一张脸的光影(∴),而不喜欢看正三角形的光影(∴)。也就是说,尚未出生的胎儿竟然就已经具备识别人脸这

---

[1] Gelman R, Durgin F H, Kaufman L. Distinguishing Between Animates and Inanimates: Not by Motion Alone[M]// Causal Cognition: A Multidisciplinary Debate. Oxford: Oxford University Press, 1995: 151-184.
[2] Fantz R L. The Origin of Form Perception[J]. Scientific American, 1961, 204(5): 66-73.
[3] Reid V M, Dunn K, Young R J, et al. The Human Fetus Preferentially Engages With Face-Like Visual Stimuli[J]. Current Biology, 2017, 27(12): 1825-1828. E3.

种本领了。

案例3：婴儿是小小伦理学家

上面这些例子让我们看到，小婴儿们人小鬼大，一个个都是"理科学霸"。其实，他们在"人文学科"方面的表现也不差。比如在道德伦理方面，婴儿天生就具备一些非常朴素的"是非观念"，他们也是懂得做道德判断的。

在心理学家基莉·哈姆林（Kiley Hamlin）等人主持的一项实验[1]里，研究者给6个月大的婴儿看一场木偶戏。木偶戏里，主人公正在爬一座小山，木偶A一直在帮助他爬上去，木偶B则一直在搞破坏，不停地把主人公踢下山。接下来，场景一换，小木偶们来到了一个玩耍的场景。这时，之前那个爬山的主人公瞅了瞅帮助过他的木偶A，又瞅了瞅踢他下山的木偶B，然后选择跟木偶B愉快地玩耍在了一起。

小宝宝们看到这一幕就显得特别惊讶，他们瞪大了眼睛，盯着这一幕看了很久。这说明，即便是年龄仅有半岁的婴儿，也已经有朴素的道德观念了，他们知道木偶戏里面哪个是好人，哪个是坏人。所以当看到主人公和坏人亲近时，他们觉得无法理解。

---

[1] Hamlin J K, Wynn K, Bloom P. Social Evaluation by Preverbal Infants[J]. Nature, 2007, 450 (7169): 557-559.

难题：如何看懂婴儿的心思

通过上面这些案例，我们现在知道婴儿头脑中内置了很多"预装程序"，天生懂得一些简单的知识和道理。婴儿的"天生聪慧"清晰地显露出遗传因素对心智的塑造作用。

结论相当清晰明了，但得出结论的过程并非一帆风顺。婴儿不会说话，不会告诉研究者他们心里在想什么，也不会配合实验人员做各种复杂的行为反应。当考察对象是婴儿时，真正的难题就变成了：我们该怎么样看懂婴儿的心思？

心理学家在这个问题上被卡了一段时间，好在后来他们想到了一种很巧妙的方法：那就是**观察婴儿的视线转移**。

如果一个现象符合婴儿内心的预期（或者对他而言没有意义），那么他很快就会把视线转到别处，表示"我看烦了""这没意思"；但如果一个现象不符合婴儿内心的预期（或者对他而言有重要意义，比如人脸），那么他就会盯着这个怪现象一直看。这时，他才会表现得像是个小小科学家一样，要盯着它多看一会儿，仿佛要钻研钻研，把这个怪现象弄清楚。

所以，用"婴儿在不同事物上注视时间的长短"这样一个可以定量测量的变量，心理学家就可以试探出婴儿内心对事物有什么样的预期，即他们具有哪些直觉和本能。

如果你读得足够仔细的话，肯定已经意识到上面举的那些例子——从婴儿的物理直觉到婴儿的生物学直觉，再到婴儿的伦理直觉——无一例外，都是通过"观察婴儿的注意力能保持多久"这种巧妙的方法得到的。也正是因为有了这些发现，心理学家对"先天"和"后天"这两大因素的认识才达到了一个比较平衡的状态。这就是为什么关于婴儿"天生聪慧"的这些发现意义非凡。

启发与应用：知识的边界，就是研究方法的边界

到这里，关于婴儿"天生聪慧"这个原理的内涵和意义，我们已有所了解。这些知识对我们的生活有什么实际作用呢？说实话，我觉得"婴儿用天生自带的直觉和本能理解世界"这个知识点本身，对于绝大多数人来说真的没什么实际用处，甚至对于正在抚养婴儿的爸爸妈妈们来说，帮助也不大。

但是，关于发现这个知识点的过程，也就是上一段最后涉及的方法论内容里却包含着一个重要的启发。这个启发就是：**知识的边界，其实就是研究方法的边界**。因为我们看到，关于"人性到底是先天决定还是后天养成"这个问题，科学家们的认知是随着研究手段的精进而精进的。研究方法的突破带来了知识的突破。

从这个启发里，我们又可以提炼出一种不太常见却很重要的思维方式。这种思维方式，我就暂且把它叫作"吃瓜心法"好了，因为用围观别人吵架这种"吃瓜行为"来举例子最是方便——你看到铁蛋和翠花正在吵架，铁蛋慷慨激昂，自己为什么是对的，理由A，B，C，D一条条列出来，气势逼人；翠花却支支吾吾，半天说不出什么像样的理由来。

这时，你是不是很容易就站到铁蛋那边？

先别急。别忘了，知识的边界，就是研究方法的边界。你其实还有这样一个思考角度：铁蛋与翠花各自的道理，哪一边证明起来更容易呢？

如果是铁蛋的道理证明起来更容易，而翠花那边即使有理也很难证明，那么对他俩之间的是非曲直，你可能就会有新的判断了。

不光要看道理，还要看道理的证明难度——这就是我的"吃瓜心法"。

扩展阅读

艾莉森·高普尼克，《宝宝也是哲学家：学习与思考的惊奇发现》，浙江人民出版社，2014年

推荐理由：著名发展心理学家高普尼克介绍幼儿心智的一本书。

原理5 今人神似祖先
——进化历程塑造人类心智

通过上一个原理,我们了解到婴儿出生时并不是白纸一张,他们其实"天生聪慧",有很多很了不起的直觉与本能。这些本领并非通过后天的教养获得,相关脑结构的信息显然编码在基因中,在大脑发育的最早期就在基因的指导下生长了出来。那么,我们紧接着就可以问出下一个问题了:基因里为什么会编码"辨别人脸""物理直觉""生物学直觉"这些直觉和本能?编码了这些本能的基因是如何出现的?

答案是:它们是漫长的历史长河里进化出来的,基因里之所以编码了这些能力,是因为它们曾经帮助我们的祖先更好地解决某些生存繁衍方面的难题。

这就是"神似祖先"原理。祖先的进化历程(部分地)塑造了今天人类的心智。在世代更替的过程中,基因会发生进化,由基因决定的那一部分心理特征是在进化的历程中被塑造出来的。换句话说,现代人类的心理特征很大程度上是由祖先的经历塑造的。在某些方面,我们其实神似我们的祖先,人类的心智在某些方面非常"古老"。所以想要理解我们这些当代人类的心智,有一种视角就是"回望过去",看看我们的祖先曾经经历过什么。

> **今人神似祖先**
>
> 祖先的进化历程(部分地)塑造了今天人类的心智。在世代更替的过程中,基因会发生进化,由基因决定的那一部分心理特征是在进化的历程中被塑造出来的。人类的心智在某些方面非常"古老",神似祖先。

在本节中,我们会用几个典型案例来理解"神似祖先"原理,看看人的心理是如何在老祖宗的生存繁衍过程中进化的。不过在这之前,我们先要厘清一个前置知识点,那就是:进化的机制到底有哪些?

一提起**进化**(evolution),你的脑海中肯定会立刻蹦出来另一个词——**自然选择**(natural selection)。在很多人眼里,"自然选择"与"进化"是同义词。但这种观念其实并不准确,导致生物体发生进化的机制其实不止一种。在自然选择之外,**性选择**(sexual selection)、遗传漂变（genetic drift），以及基因平移（horizontal gene transfer）等都会造成生物体进化。

理论上来说，所有这些会造成生理机能进化的因素，也都有可能促成心理机能的进化。但是目前关于遗传漂变和基因平移等因素如何塑造心智的证据积累得十分有限，所以在本节中，我们把目光聚焦在目前证据比较充分的两种进化机制——自然选择和性选择——上，来看看这两大因素是如何促成心智的进化的。

我们先来看一个自然选择的案例。

案例1：为什么人人都爱大草原

自然选择其实就是生存竞争。假设有一种鹿，由于基因的随机变异，脖子长短天然地呈现个体差异。其中有的个体脖子长一点，有的个体脖子短一点。这时环境突然发生巨变，植物大量死亡，长脖子的鹿因为能多吃到些高一点的叶子，于是存活下来，短脖子鹿则因为饥饿而灭绝。于是下一代的鹿群就全是长脖子鹿的后代了。长脖子的基因就这样扩散开来。这就是自然选择促成进化的机制：在生存压力的选择下，那些适应压力的基因会扩散到整个种群里。

那么，这种机制是不是也塑造了人类的心理呢？

当然是的。比如说，人类对自然环境的偏好心理，也许就是通过自然选择被塑造出来的。

人类偏好什么样的自然景观？在环境偏好方面，人类的口味出奇地一致，那就是爱**稀树草原**（savannas）。稀树草原就是零散分布着一些树木的非洲大草原，稀树草原偏好是跨文化的，哪怕从来没有见过这种景色的人也都偏爱它。曾有研究者给一些美国儿童看各种风景图片，结果孩子们都很喜欢稀树草原，尽管他们并没有去过那里[1]。我们每个人对这种"稀树草原偏好"可能都有切身体会，例如我自己在江南小镇长大，从没亲眼见过稀树草原，但小时候在《动物世界》里看到非洲大草原的景色时，就特别神往。

这是为什么？最合理的解释是，这与我们祖先的进化史有关。

生物学家乔治·奥丽安斯（George Orians）和朱蒂斯·西尔瓦根（Judith Heerwagen）提出，对稀树草原生态的偏好是一种有利于祖先生存的适应机制[2]。对于人类祖先这样的杂食动物来说，稀树草原相较其他生态环境而言是更适宜居住的地方。相比之下，温带森林的生物数量虽多，但大都集中在树上，很难获取。热带雨林的缺点则是树冠太高，使得地面的杂食动物大多进化成了食腐动物，只能依靠搜集从高处落下的零星食物和烂掉的食物为生。

而点缀着一些树木的草原对于人类来说，优点很多。首先，它拥有丰富的生物量。草原上的草被吃掉后会迅速再生，这个特点养活了

---

[1] Christopher T. In Defense of the Embattled American Lawn[J]. New York Times, 1995: 3.
[2] Orians G H, Heerwagen J H. Evolved Responses to Landscapes[M]//The Adapted Mind: Evolutionary Psychology and the Generation of Culture. Oxford: Oxford University Press, 1992: 555-579.

很多大型动物,它们对于人类来说就是活动的粮仓。其次,大多数生物都生活在地面上一两米这个高度范围内,人类非常容易捕猎它们。另外,大草原还提供了开阔的视野,这对于人类这种视野优秀的两足行走动物来说非常友好,天敌、水源、道路都能被远远看到。而那些零零散散的树木,则提供了荫凉和逃避食肉动物追捕的去处。

事实上,我们智人(Homo sapiens)这个物种的确就是发源于非洲稀树草原的。从自然选择的逻辑来看,当初的情况可能是这样的:在我们远古的祖先里,也许曾经有过偏好森林的个体、偏好雨林的个体,而那些恰好偏爱稀树草原的祖先走了"狗屎运",无意中爱上了最适合我们这个物种生存的环境,于是只有这一支活了下来,还把他们喜欢稀树草原这种环境的心理偏好遗传给了我们。也就是说,我们这些现代人对草原的偏好心理,很可能就是自然选择的结果。

在景观的偏好上,我们"神似祖先",这就是自然选择塑造心智的一个案例。我们再来看,进化的第二种重要机制——性选择又是怎样塑造心智的。

案例2:老夫少妻为何般配

自然选择是生存竞争,而性选择是交配权的竞争。比如对于很多鸟类来说,交配权牢牢掌握在雌鸟手里(雌鸟自由决定与哪只雄鸟交配),于是雄鸟就要通过求偶的舞蹈、色彩艳丽的羽毛等手段来向雌鸟展示自己有多优秀。被雌鸟相中的雄鸟才有权交配,繁殖后代。

对交配机会的竞争，就像对生存机会的竞争一样，也会促进生物的进化。如果某种雌鸟是通过羽毛的鲜艳程度来判断雄鸟的基因是不是足够健康，以此为标准来挑选雄鸟，那么这种鸟中的雄鸟就会渐渐进化出颜色非常艳丽的羽毛。

我们人类的交配权天平并没有倾斜得像某些鸟类那样极端，男性和女性在不同的情境下各自掌握着一部分交配权。于是，男性和女性祖先们通过相互的性选择，各自塑造出了对方性别的很多心理特征。我们拿"老夫少妻"这个现象来举例。

这里说的"老夫少妻"，不是指丈夫比妻子大好几十岁，而是"婚姻中丈夫的年龄普遍比妻子大"这种现象。全世界范围内，各种文化中的婚姻几乎都呈现出了这种"丈夫年龄平均稍大于妻子"的模式[1]，跨文化高度一致。

这个现象可以从两个方面来看。首先，为什么通常女性更愿意选择年龄稍微大一点的男性作为伴侣？

"老男人"更吃香，根源可能得追溯到人类进化史上的两个大事件。

第一个大事件是人类祖先进化出"双足行走"。距今大约650万—500万年前，非洲的猿猴从树上来到了地面上，进化成了双足直立行

---

[1] Zhang X, Polachek S W. The Husband-Wife Age Gap at First Marriage: A Cross-Country Analysis[EB/OL]. [2020-08-30]. https://citeseerx.ist.psu.edu/viewdoc/download?doi=10.1.1.187.147&rep=rep1&type=pdf.

走的猿类[1]。这个大事件导致人类骨盆形成一个倒三角形，因为只有倒三角形的骨盆可以长时间支撑直立的大腿骨。这对男性来说影响不大，但对于女性来说，就导致了产道变窄这个大问题，这让分娩变得十分困难。

第二个大事件是人类祖先大脑容量的增加。距今大约300万—200万年前，人类祖先的大脑容量开始显著增大，人的智力也几乎在同期显著提升[2]。在这个大事件里，倒霉的又是女性。由于胎儿的头部体积也相应增大，本来因产道狭窄就导致的分娩困难进一步加剧了。

在这样严酷的选择压力之下，我们的女性祖先进化出了一个惊人的应对机制，那就是"早产"——在胎儿头部体积还没增大到难以通过产道之前就把孩子生下来（从这个意义上来说，全体人类都是早产儿）。但这也导致了一个附带后果：人类婴儿出生时特别脆弱，他们在一个相当漫长的幼儿期里都需要成年人无微不至的照顾。而且，成年后的人类很大程度上依赖大脑中存储的各种知识存活，而大脑要学会各种知识，也得靠成年人长时间的手口相传。这就意味着父母得花费大量时间和心血抚养和教育孩子，孩子才有可能在成年后生存下来。如此繁重的养育任务，靠母亲一个人是很难独自完成的。

---

[1] Vaughan C L. Theories of Bipedal Walking: an Odyssey[J]. Journal of Biomechanics, 2003, 36 (4) : 513-523.
[2] Berger L R, Hawks J, De Ruiter D J, et al. Homo Naledi, a New Species of the Genus Homo From the Dinaledi Chamber, South Africa[J]. Elife, 2015, 4: E09560.

在这样的背景下,女性进化出了两种择偶偏好。首先是对"好男人"的偏好。如果一个男人表现出做事踏实、勤奋有抱负并且忠于家庭的潜质,那这样的"好男人""好爸爸"就会得到女性的青睐[1]。其次是对"有资源的男人"的偏好。养育孩子需要食物、住所和社会关系等资源的支持,而比较年长的男性通常手握更多的生存资源,这在人类社会里是非常普遍的现象[2]。于是,对年纪稍大一些的男人的偏好,也就顺理成章地成了女性择偶偏好的一部分[3]。这就是对"老男人更吃香"的一种合理解释。

我们再反过来看"老夫少妻":为什么男人却往往偏爱年轻女性呢?这是因为,男女结合时,男性更稀缺的是提供生存资源的能力,而女性更稀缺的是生育潜力(未来有可能生育多少孩子,以及是否可能生下健康的孩子)。这种潜力是随着年龄增长而急剧下降的[4],越年轻的女性,生育潜力越高。女性生育能力的高峰在十几岁到三十岁

---

[1] Buss D M, Schmitt D P. Sexual Strategies Theory: An Evolutionary Perspective on Human Mating[M]//Interpersonal Development. New York: Routledge, 2017: 297-325.
[2] Jencks C. Who gets ahead? The determinants of economic success in America[M]. New York: Basic Books, 1979.
Hart C W M, Pilling A R. The Tiwi of North Australia[M]. New York: Henry Holt and Company, 1960.
[3] Langhorne M C, Secord P F. Variations in Marital Needs With Age, Sex, Marital Status, and Regional Location[J]. The Journal of Social Psychology, 1955, 41(1): 19-37.
[4] Rowe T. Fertility and a Woman's Age[J]. The Journal of Reproductive Medicine, 2006, 51(3): 157-163.

之间。男性眼中的女性魅力（比如皮肤的光泽、脸的左右对称、腿的长度等）其实都是暗示女性年轻的线索[1]。

这样一来，"老夫少妻"就成了人类男女祖先双向选择的结果。在性偏好上，我们其实也是"神似祖先"的。

这里还要强调一点，上面说的这些男女之间的择偶偏好之所以会出现，是因为与自然选择类似的逻辑。进化不是带有目的性的，不是说男性"为了"挑选出年轻女性，进化出了对光滑皮肤的偏好，而是没有这种偏好的男祖先都灭绝了。进化其实是很残酷的，进化史就是灭绝史。

启发与应用：多样性乃是王道

在世代更替的过程里，基因会发生进化，由基因编码的心理和行为倾向就是在这个过程里被选择出来的，这就是"神似祖先"原理。实际上，有一部分心理学家的工作有点像历史学家，他们经常回望人类进化的历史，从过去的时光里解读今天人类的秘密。

"从过去中了解现在"本身就是一种观察人性的重要视角。除此之外，"神似祖先"这个原理对我们还有什么启发吗？对于我自己而言，学习进化论相关知识给我带来的一个巨大感触就是：**保持多样性**是永恒的王道。

---

[1] 巴斯．欲望的演化 [M]．北京：中国人民大学出版社，2011：49-72．

对于一个生物群落、一个公司组织乃至对于一个国家、一种文化而言，要想保持长久的生命力，唯一的王道就是尽可能保持组织内部的多样性。

怎么突然提多样性呢？其实不用我展开多说，只要想想"进化史其实就是灭绝史"这句话，就不难想明白其中的道理了。

扩展阅读

戴维·巴斯，《进化心理学》（第4版），商务印书馆，2015年

推荐理由：心理学家戴维·巴斯名作，美国高校"进化心理学"课程经典参考教材。

原理6 精子多而便宜，卵子少而宝贵
——两性关系的张力源自进化

在上一节里，我们用几个案例展示了进化是如何塑造人性的，这个话题其实还意犹未尽。关于"进化如何塑造人性"，有大量的研究结论都集中在一个经典主题之下，那就是——两性的性心理差异。上一节的"老夫少妻"案例算是小试牛刀，这一节我们把目光聚焦在两性冲突上，来看进化的视角如何帮助我们深化对两性关系的理解。

有句话叫"男人来自火星，女人来自金星"，男人和女人在面对另一个性别时，经常感觉仿佛鸡同鸭讲，对面站着的简直就是一个外星人，很多时候既无法沟通，又理解不了对方脑子里到底在想什么。

从进化的视角来看，"男人来自火星，女人来自金星"这样一个有点无可奈何的局面，其实早在几亿年前、在两种性别进化出来的那一刻就已经注定了。生物界在那时爆发了一场"线粒体战争"，这场

战争不但缔造了两种性别,与此同时也造就了两性之间最根本的生理差异,那就是——**精子多而便宜,卵子少而宝贵**。

> **精子多而便宜,卵子少而宝贵**
>
> 有性生殖诞生初期,由于存在"线粒体战争"这种选择压力,相互结合的两个生殖细胞中的一方进化成了多而便宜的精子,另一方则进化成了少而宝贵的卵子。"精多卵少"这个两性之间的基本差异产生了极其深远的影响,人类两性的诸多性心理差异都与这个基本差异有关。

在我看来,"精多卵少"这个原理可以很好地解释人类男女之间八九成的冲突。下面,我们先来看看那场"线粒体战争"是怎么回事,然后再通过两个案例来看"精子多而便宜,卵子少而宝贵"这个两性之间的基本差异到底是如何塑造男女的性心理的。

极限溯源:线粒体战争

要理解线粒体战争,我们首先要思考这样一个问题:为什么生物要在演化出有性生殖的同时,也演化出两种性别呢?为什么不可以只有一个性别?两个又是爸又是妈的生物相互看上后,各贡献出一个生殖细胞,两个差不多的生殖细胞像两颗水珠一样合并在一起,然后这个细胞慢慢发育成下一代——生物体为什么不可以是这样繁衍的呢?

这种两个单一性别生物体结合的局面之所以不可能实现，是因为有**线粒体**（mitochondrion）的存在[1]。胚胎细胞既然要逐渐发育成一个完整的生物体，就不可能只是一团基因，基因外面总要有一些养分和让它展开新陈代谢的细胞元件才行。其中最重要的一种新陈代谢元件，就是为细胞提供能量的线粒体。但麻烦的是，线粒体自己也有基因。像所有基因一样，线粒体中的基因也会一直复制。这就不好了，因为两个来自上一代的线粒体为了在细胞体内存活，会展开残酷的战争，相互杀死对方，那胚胎细胞就危险了。

生物体最终演化出一种巧妙的解决方案来阻止这场"线粒体战争"。解决方案是：两个上代生殖细胞中，有一方"同意"单方面"裁军"，它贡献出一个不提供线粒体、不提供任何新陈代谢元件，几乎只含DNA的细胞；而另一方正好相反，它不但提供另一半DNA，还提供了几乎全套的新陈代谢元件及各种养分。那个"裁军"的，就是最早的雄性生殖细胞（最早的精子），后者则是最早的雌性生殖细胞（最早的卵子）。

这就是雌雄（以及后来的男女）这两种性别的由来。

一旦生物迈出这种不平衡发展的第一步，这种不平衡就会一步步深化。精子基本上就是一团DNA，小而便宜，所以生物体不妨制造很

---

[1] 关于"线粒体战争"的更多细节，请参阅：Cosmides L M, Tooby J. Cytoplasmic Inheritance and Intragenomic Conflict[J]. Journal of Theoretical Biology, 1981, 89（1）: 83-129.。

多精子，还可以给它们装上"马达"，让它们可以很快地抵达卵子的位置（这就是为什么精子的外形是蝌蚪状的）。生物体还可以提供一个器官，把精子发射到半路上。这个生产和发射精子的器官，当然就是我们熟悉的雄性生殖器官。

另一方面，卵子又大又宝贵，所以生物体最好给它包裹上各种营养和保护。这样一来，卵子就更加贵重了。于是，生物体为了保护好这么重大的"投资"，也演化出一种器官。这种器官可以让受精卵在母体内生长一段时间，吸收更多的营养，直到新生代生存能力足够强，再把它释放到体外。这套生产卵细胞和孕育新生代的器官，当然就是雌性生殖器官。

我们今天看到的雄性和雌性动物的基本形态，就是这样演化出来的。就这样，有性生殖这种生殖方式最早期的"裁军"和"扩军"，缔造出了两性之间最深刻的生理差异——精子多而便宜，卵子少而宝贵。

而这个根本差异产生了极其深远的影响，从十几亿年前开始，一直影响到今天的男男女女。让我们以两性处于"试探阶段"和"相处阶段"的两个案例，来理解"精多卵少"是怎样导致人类的两性冲突的。

案例1：男性为何普通却自信

我们先来看男女在建立正式关系之前眉来眼去、相互试探的这个阶段。在此阶段，男性的一种表现经常引人侧目，那就是男人们普遍过度自信。脱口秀演员杨笠曾在她的经典演出里调侃："为什么男人明明看起来那么普通，但他却可以那么自信？"

这正是因为"精多卵少"。精子多而便宜，能被雄性大量生产，因此理论上一个雄性可以让数量庞大的雌性怀孕。但与此同时，卵子少而宝贵，一旦一个强势的雄性垄断大量雌性，让"三宫六院"只跟它生娃，那么其他雄性就只能等着断子绝孙了。于是，雄性之间必须展开激烈的竞争。雄性既可以想办法打败其他雄性，阻止它们接近雌性（比如雄鹿一到发情期就拿鹿角互顶）；它们也可以拼命追求雌性，让雌性选择自己（比如雄鸟会通过羽毛、叫声甚至舞蹈来取悦雌鸟）；另外，雄性还可以霸占更多的资源来吸引雌性（比如我们人类就爱这么干）。

上述这些行为被科学家称为**雄性竞争**（Male-Male Competition）。雄性竞争在动物王国里十分普遍，它几乎是所有雄性动物的宿命，我们人类男性当然也身处其中。那些不普通的强势男性一旦垄断女性的生育机会，剩下的普通男人就很容易打光棍，最后断子绝孙。于是，幸存到今天的男人普遍都有一种心理上的应对机制——既然留下后代的机会非常少，那么只要机会出现，就必须尽可能抓住。

怎么尽可能抓住稀缺的性机会呢？解决方案非常简单粗暴，那就是男人演化出了一种不切实际的自信[1]。他们经常会无意识地把女性的友好和礼貌误认为是对自己示好，是对自己有意思，是"自己那么帅"这件事终于被对方注意到了。

美国有一家连锁超市曾经推出一个服务改进方案，其中一项规定是要求收银员与顾客进行眼神交流，还要向顾客微笑。结果这项规定一实施，女性收银员被男顾客性骚扰的案例数量直线上升：有些男顾客向女收银员提出约会请求、性爱请求，有的女收银员甚至被男顾客跟踪。超市后来不得不取消那项眼神交流的规定，性骚扰事件随之大幅降低[2]。这就是男人那种夸大性机会的心理在作祟：女性一个友善的眼神、一个礼貌的微笑，本来不附带任何暗示，却经常会被男人解读为"对方朝我抛媚眼，这是不是对我有意思"。很多性骚扰事件背后，我们都能看到这种认知偏差的影子。

这种夸张的自信在绝大多数时候当然都是脱离实际的，也的确给女性带来了很多困扰。但是，这种盲目自信在进化史上很可能帮助了人类的男性祖先，因为哪怕100次里有99次对面的女孩其实对他没

---

[1] Gentile B, Grabe S, Dolan-Pascoe B, et al. Gender Differences in Domain-Specific Self-Esteem: A Meta-Analysis[J]. Review of General Psychology, 2009, 13 (1): 34-45.
[2] Ream S L. When Service With a Smile Invites More Than Satisfied Customers: Third-Party Sexual Harassment and the Implications of Charges Against Safeway[J]. Hastings Women's Law Journal, 2000, 11: 107.

意思,但只要有一次是真的,那这位男性祖先就有可能把握住这次机会,把基因传下来。今天的男人就是这些"普通"而盲目自信的男人的后代。

小结一下:男性的过度自信心理源自残酷的雄性竞争,不过度自信的男性很难抓住本来就稀缺的交配机会;而之所以存在雄性竞争,归根结底是因为"精多卵少"这个两性之间的根本差异导致强势男性有可能垄断稀缺的卵子。

所以,"普通"且自信的男人可不是最近才出现的,男人打从出现在这个世界那一刻起,就是那么地"普通"且自信。

案例2:女人担心男人负心,男人担心女人"负身"

我们再来看已经确定关系在一起的男女,有哪种典型的冲突。

"你这个负心的男人"是"狗血"言情剧里的女主角发现男主角不忠的时候,最经典的台词。负心,大概既可以理解成男人辜负了女人对他的一片痴心,也可以理解成男人辜负了自己当初对女人的一片痴心。

但不管是哪种意思,"负心的男人"这个称呼其实都有点怪怪的。在这些言情剧里,男人经常是心和身体一起不忠,爱上另一个女人的同时还与她发生了性关系。那为什么原配通常只指责男人负心呢,他们明明也"负身"了啊?

这其实还是因为"精多卵少"。既然"精子多而便宜",那么男人在肉体上的付出，原则上就不是多值钱的付出。男人身上的稀缺之物是他掌握的资源，是他为养育子女所投入的精力、金钱和决心。这些资源是被男人的**心意**左右的，是男人**内心的选择**决定了这些资源投放到何处。这就是为什么男人如果同时在心理和肉体上都背叛了女性，女性更在意的却往往是心理上的背叛。

而性别对换则局面逆转。"卵子少而宝贵"，女性身上最稀缺的资源是她生理上的生殖潜力，于是男性更在意的往往是女性生理上的背叛，而不是心理上的不忠。20世纪80年代，费翔一度火遍大江南北。费翔举办露天演唱会时，现场下大雨，观众里很多年轻女孩子在雨中冲着费翔尖叫。她们头顶大都打着伞——由站在她们边上的男朋友打着。可那些男人看着自己女朋友冲着另一个男人尖叫，却都一脸淡定。当年我的一位心理学老师说到这个例子时感叹道：这些撑伞的男朋友们的心态想必相当扭曲。后来了解了用进化视角看待两性关系的知识，我才恍然大悟：这其实一点也不扭曲——那些撑伞的男朋友觉得，自己女朋友只是在费翔的演唱会上而已，又不是在费翔的床上，所以有什么好紧张的？

男女都有性嫉妒，但嫉妒的侧重点却不一样。女人担心男人变成"负心汉"，担心男人在情感上的不忠；而男人担心女人变成"负身女"，担心女人在身体上的不忠。这个结论得到过多项实验数据的证实[1]。

总结一下：女人担心男人负心，而男人担心女人"负身"，男女性嫉妒模式的差异在源头上也与"精子多而便宜，卵子少而宝贵"这个两性最基本的生理差异有关。

启发与应用：跨越历史长河的视角

到这里，相信你应该已经了解，男女之间在两性关系上的不少矛盾和冲突都可以追溯到很早期的进化历程中——在两种性别刚形成的时候，"精子多而便宜，卵子少而宝贵"这个关键生理差异就形成了。在这个生理基础之上，男女的各种性心理在进化的历程中不断地被有差别地塑造出来。这些差异在进化的历程中不断积累，就把男人抛到了火星，把女人抛上了金星。

这一点给我们的启发是：带着进化的眼睛来观察和理解男女关系的张力，我们就会多一份跨越历史长河的通明和了悟。以后在看待现实中的两性关系时，不妨试试从"精多卵少"这个视角出发，这往往会让你拨开迷雾，直指核心。

---

[1] Kuhle B X. Did You Have Sex With Him? Do You Love Her? An in Vivo Test of Sex Differences in Jealous Interrogations[J]. Personality and Individual Differences, 2011, 51（8）: 1044-1047.
Buss D M, Larsen R J, Westen D, et al. Sex Differences in Jealousy: Evolution, Physiology, and Psychology[J]. Psychological Science, 1992, 3（4）: 251-256.

扩展阅读

戴维·巴斯，《欲望的演化：人类的择偶策略》，中国人民大学出版社，2011年

推荐理由：著名心理学家戴维·巴斯从进化心理学角度诠释"人类的择偶策略"。

原理7 基因与环境粗细相佐
——先天与后天如何分工合作

从"天生聪慧""神似祖先"到"精多卵少",我们通过前面三个原理介绍了一系列关于基因与进化的知识,它们是塑造一个人的"先天因素"(后面以"基因"来代指这些先天因素)。下一章,我们将把目光转向那些"后天因素"——一个人出生后经历的环境、教养等等(后面以"环境"一词来指代)。今天的你是由你的基因和你所经历的环境共同塑造出来的。那么基因与环境具体是怎样分工合作的呢?这一节,我们先来回答这个问题。

基因与环境之间的分工合作关系可以用"**粗细相佐**"这个原理来概括。

"粗细",描述的是基因与环境如何分工,基因和环境一个管"粗"的,一个管"细"的。如果我们把已经发展成熟的成年大脑比作一部电影的话，那么先天的基因为这部电影提供的就是一份剧本大纲，它只负责为大脑搭建一个粗线条的总体框架。而后天的环境就像是电影的摄制组，摄制组里的导演、摄像、演员等工作人员，负责为影片写出台词，拍出画面，配上背景音乐，填充电影的各种细节。换句话说，环境负责塑造大脑的精细结构。

基因与环境分别构建出了大脑粗线条的总体框架和精细结构，这就是"粗"和"细"的分工。

> **基因与环境粗细相佐**
>
> 先天与后天的分工：基因构建出了大脑粗线条的总体框架，而环境负责塑造大脑的精细结构。
>
> 先天与后天的互动：基因和环境并不仅仅是前后接力塑造人性，它们彼此交织，相互影响，存在复杂的互动。

环境和基因之间除了分工，还有互动——

有时候，一个好剧本会被一个庸才导演白白糟蹋；也有些时候，剧本与摄制组相互成全，结果1+1＞2，合力缔造出经典杰作。同样地，先天的基因和后天的环境也不仅仅是一前一后接力塑造一个人，它们之间也存在类似的复杂互动。这就是"粗细相佐"了。

粗细：先天与后天的分工

我们先来看基因与环境的分工。为什么先天因素与后天因素之间会有类似"剧本大纲与摄制组"的分工呢？

这是因为人类大脑的神经网络过于庞大复杂，人类大脑所包含的海量信息远远超过了基因的信息负载能力，基因无力独自塑造成年人类的大脑，所以不得已将这个工作"外包"了一部分。环境加入其中，与基因合力，才共同完成了塑造成年人类大脑的艰巨任务。

我们人类如今能在地球上"横行"无忌，靠的是碾压其他生物的发达智能：抗冻能力比不过，我可以穿衣盖房来御寒；体力上比不过，我可以发明长矛、弓箭，借用工具打败你；单打独斗打不过，我们可以通过语言和文化组成协作团队，以团队作战取得胜利……制造工具、利用工具、团队合作，这些"超能力"都是靠着人类聪明的脑瓜子实现的。

那么，为了产生人类这种"地表最强级别"的智能生物，我们的大脑要复杂到什么程度？从微观看，人脑里最重要的结构是**神经元**。神经元可以产生一种叫作动作电位（action potential）的电脉冲。神经元细胞之间通过一种叫突触（synapse）的结构相连接，一个神经细胞产生的动作电位可以通过突触传导到下一个神经元。我们的心理活动还原到最微观的层面，其实就是大脑这张神经网络上无数电信号的组合。

那么，这张不停产生复杂电信号的神经网络有多大呢？在一个成年人的大脑里，大约有1000亿个神经元，而每个神经元平均有5000个突触。也就是说，每个神经元平均与5000个神经元相互传递电信号。两者相乘，是一个天文数字——500万亿。我们这颗小小的脑瓜里居然有500万亿个信息交换的节点。

我们的心智就记录在这张超大型神经网络里。哪些神经元与哪些神经元相互连接，连接的突触强度多强多弱，这些关于神经网络结构的信息量过于巨大，以至于根本不可能在基因里把每个神经元该如何与其他神经元连接的信息一一标记下来，通过遗传传递给下一代。基因无法承载如此巨大的信息量。

你可能听说过，大脑是人体内的"耗能大户"，重量虽然只占人体的2%，却消耗了20%的能量。其实大脑更是消耗基因信息的大户：人类的基因，大约有80%都用来记录与大脑的发育、发展有关的信息[1]。即便如此，基因的信息承载能力对于成年人大脑中的海量神经连接来说也只是杯水车薪。

借用本节开头的比喻：一个成年人大脑中神经元网络所包含的信息如果是一部声光俱全的电影的话，那么基因并不是一块大容量硬盘，它存储不下一部电影。基因只不过是几张A4纸罢了，可以记录在上面的不是电影的所有声音、画面或表演细节，而是一份大纲——电

---

[1] Emily Singer. A Genetic Map of the Brain[EB/OL]. [2006-09-27]. https://www.technologyreview.com/2006/09/27/273481/a-genetic-map-of-the-brain/.

影的男女主角是谁，它是惊悚片还是爱情片，故事从头到尾大概包含哪几个主要情节转折，等等。也就是说，基因负责记录的只是大脑各个脑区间联系的大体模式、大脑的发育阶段、神经元细胞类型的大体分布等这些框架性的信息。

而那些神经元之间更精细化的组织结构就不取决于基因了，它们取决于后天的成长环境，取决于孩子从母体的子宫开始到成长中所经历的各种事件。用美国神经科学家戴维·林登（David Linden）的话来说就是："大脑的总体路线图已被遗传密码所决定，但大脑的精细路线可被经验修改。"[1]

这就是基因与环境之间"粗"和"细"的分工。总之，基因只提供了一份语焉不详的剧本大纲，负责写出台词、拍出画面、配上音乐的，则是成长中经历的一切。这个把剧本大纲转化为影片的过程主要发生在人类的童年。关于人类在童年阶段心智发育的细节，我们会在下一章展开。

相佐：先天与后天的互动

我们再来看"粗细相佐"这个原理中的"相佐"——基因与环境之间的互动。与很多人的常识不同，先天的基因和后天的环境并不是像接力赛跑一样，基因先来，环境后到，一前一后各自发挥作用。实

---

[1] 林登. 进化的大脑：赋予我们爱情、记忆和美梦［M］. 上海科学技术出版社，2009：40.

际上，基因会改变环境，而环境也会反过来影响基因的表达。它们之间存在复杂的互动关系。

基因和环境的互动是双向的。首先，基因会塑造环境。比如，一个家庭中有两个孩子，老大爱冒险，老二胆小，他们生来就如此，是基因上的差异导致的。但正是由于他们的性格天生不同，父母养育他们的方式也不一样。把老大放到秋千上，他开心得大笑，父母一看孩子这么乐在其中，于是就鼓励他去冒险。这样一来，老大就在一个充满探索机会的环境里成长。而把老二放到秋千上，他会害怕得大哭。这种场面遇得多了，父母就变得对老二保护有加，不再让他接触各种风险，于是老二就在更受保护的环境里长大。

这样一来，虽然生活在同一个屋檐下，但老大、老二经历的成长环境却大相径庭。他们各自的成长环境是被他们各自的基因改变和塑造出来的。长大后，老大还是爱冒险，老二还是很胆小。表面上看起来，这是他们天生如此，但实际上这是基因与被基因改变的环境彼此叠加的后果。

基因会改变环境，环境也会反过来影响基因的表达。这方面的例子就更多了。比如说，人的智商显然是受遗传因素影响的。总体而言，基因越相似，智商的相似度也就越高。在同一家庭中成长的同卵双胞胎的智商相关系数在0.8以上，而在同一家庭中成长的普通兄弟姐妹之间的智商相关系数在0.4~0.6之间。[1]

但是从细节来看，智商与遗传之间的关系实际上是受到环境调节的。美国弗吉尼亚大学的一个心理研究小组发现，富裕家庭的儿童，智商更具有可遗传性；而在贫困儿童群体中，智商的可遗传性就比较弱[2]。对贫困儿童来说，基因遗传对智商的影响其实微乎其微，贫穷的父母的聪明程度与子女的聪明程度之间，几乎没有相关性。

为什么会这样？答案隐藏在贫困儿童所处的环境里，比如学校教育。富裕家庭的儿童通常能进入条件很好的学校就读，优秀的教育环境让孩子的各种认知能力得到充分发展，于是孩子之间的差异就更能体现出他们本身基因的不同。而贫穷孩子的发展受到糟糕的学校教育的限制，基因上的差异也就被抹杀了。这就像是在一个水准过线的摄制组手里，剧本本身的水平差异才会被表现出来；而在一个水平不够格的摄制组手里，不管拿到什么剧本，拍出来的电影水平都差不多。

所以，智商是不是受基因影响，其实没法一概而论，而是要看孩子在什么样的环境里成长。这就是环境改变基因表达的例子。

再来看另一个例子。我们体内有一个叫DRD4的基因，这个基因调节了大脑对多巴胺这种神经递质的反应。DRD4基因有好几个变

---

[1] Plomin R, Petrill S A. Genetics and Intelligence: What's New?[J]. Intelligence, 1997, 24（1）: 53-77.
[2] Turkheimer E, Haley A, Waldron M, et al. Socioeconomic Status Modifies Heritability of IQ in Young Children[J]. Psychological Science, 2003, 14（6）: 623-628.

体,其中一个叫DRD4-7R。拥有DRD4-7R基因变体的人有一些非常鲜明的特点:他们小时候更容易患注意力缺陷障碍[1],长大后更容易酗酒[2],有更多的暴力行为[3]。这样看来,DRD4-7R似乎是一个典型的"坏基因"。

但问题并没有那么简单。以色列耶路撒冷希伯来大学的科学家阿里尔·纳福(Ariel Knafo)召集一群3岁的孩子做了一个分享糖果的实验[4]。在实验里,大多数3岁孩子如果没有被强制要求的话,是不会放弃自己手里的糖果的,但拥有DRD4-7R基因的孩子却会主动分享糖果。

为什么这些带有"坏基因"的孩子反而对人更和善呢?原因是DRD4-7R其实根本不是什么"坏基因",它是好是坏,取决于孩子的成长环境。如果拥有DRD4-7R的孩子在一个被虐待、被忽视的环境里长大,他们以后变成酒鬼或恶霸的概率就会增大。但反过来,如果这些孩子在一个受到关爱的环境里成长,那么他们长大后反而会比普通人更加

---

[1] Nikolaidis A, Gray J R. ADHD and the DRD4 Exon Ⅲ 7-Repeat Polymorphism: An International Meta-Analysis[J]. Social Cognitive and Affective Neuroscience, 2010, 5 (2-3): 188-193.
[2] Mota N R, Rovaris D L, Bertuzzi G P, et al. Drd2/Drd4 Heteromerization May Influence Genetic Susceptibility to Alcohol Dependence[J]. Molecular Psychiatry, 2013, 18 (4): 401-402.
[3] Alsobrook Ⅱ J P, Pauls D L. Genetics and Violence[J]. Child and Adolescent Psychiatric Clinics of North America, 2000, 9 (4): 765-776.
[4] Knafo A, Israel S, Ebstein R P. Heritability of Children's Prosocial Behavior and Differential Susceptibility to Parenting by Variation in the Dopamine Receptor D4 Gene[J]. Development and Psychopathology, 2011, 23 (1): 53-67.

和善，更加亲社会。所以，DRD4-7R基因并不能独立决定人的表现，是环境决定了它是一个"好基因"还是"坏基因"。这就好比把周星驰的剧本交给王晶来拍和交给张艺谋来拍，影片效果注定截然不同。

顺便说一句，拥有DRD4-7R基因的人总体来说比较有冒险精神，他们是一群不循规蹈矩、爱冒险、爱探索的"冒险家"。关于他们的冒险故事，我们会在谈到文化心理时再展开详述。

DRD4-7R基因的例子也让我们看到，基因和环境并不能被简单地区分看待，它们的互动关系非常复杂。科学家对这方面的认识才刚起步不久，仍在持续进行探索。

启发与应用：交互作用

通过以上内容，我们看到，先天和后天首先有分工：基因规定了脑结构的大框架，而经历塑造了脑的精细结构；与此同时，先天和后天这两个因素也不能被简单分开看待，它们彼此影响，有复杂的互动。这就是"粗细相佐"原理。

我觉得，我们还可以从先天和后天的互动关系中获得一个重要启发，那就是：当观察到两个以上的因素共同作用在一个事物上时，我们就必须思考它们之间的"交互作用"。就像基因与环境的互动那样，这两个因素可能会相互加持、相互放大，也可能相互拆台、相互抑制。事物之间关系的复杂，往往不光表现在涉及的因素多样，更在于因素之间的交互影响。

扩展阅读

马特·里德利，《先天后天：基因、经验以及什么使我们成为人》，机械工业出版社，2021年

推荐理由：英国科普作家马特·里德利论述先天、后天关系的名作。

第三章

学习、成长与人格

人性中的另一部分是"后天"的,来自教养,由环境塑造。

原理8 修剪神经,提升效率
——童年的大脑如何发育

在上一章里,我们通过"粗细相佐"原理了解到基因与环境是如何分工合作来塑造一个成熟的大脑的。其中,环境对大脑的塑造主要体现在童年阶段。童年的功能不只是让身体逐渐发育成熟,更重要的是让大脑发育。这一节,我们来看看童年到底是如何实现"发育大脑"这个核心功能的。

大脑在童年期的发育模式,可以用**"修剪神经,提升效率"**这个原理来概括。

神经修剪

一提到"成长发育"这个词,我们脑海中多半会浮现出事物由小变大、从少到多的画面,比如一颗小嫩芽一点点变大,最后长成参天大树。但实际上，大脑的发育过程非常反直觉——从出生到成年，大脑里的神经元并不是慢慢由少变多的。

婴儿出生后，大脑里的神经元数量首先会急剧增多，到3岁左右时，大脑里的神经元连接数已经达到了整个人生的巅峰，数量大约是成人的两倍。此后，大脑就启动了慢慢修剪神经元的过程。随着孩子的成长，大脑里多余的、不常用的、低效率的神经元会慢慢被修剪掉，神经元数量在整个童年阶段逐步减少，直到成年[1]。

也就是说，大脑的发育模式是：先过量生长，然后慢慢修剪。

这个模式无比精妙。我们先来看儿童从婴儿期过量生长出来的神经元里收获了什么。儿童的收获是：由于大脑里的神经元连接有足够的富余，他们可以开放地探索接触到的各种事物，随机地掌握很多知识和技能。先有了这些储备，大脑后来才可以从里面挑出最有用的知识和技能保留下来，也正是因为有了神经元的大量富余，儿童的大脑特别灵活，学习能力、记忆能力俱佳，环境出现变化时也适应得飞快。

这样看来，儿童的大脑简直非常美好，为什么我们不能一辈子保留这样的一颗大脑呢？

这是因为，灵活与效率是一对矛盾。

---

[1] 关于"神经修剪"的更多细节，参见：Chechik G, Meilijson I, Ruppin E. Neuronal Regulation: A Mechanism for Synaptic Pruning During Brain Maturation[J]. Neural Computation, 1999, 11（8）：2061-2080.。

灵活与效率

能很灵活地执行各种功能，往往也就意味着无法高效地执行某一种功能。就好比一台兼容性很好的个人电脑，我们可以用它来写文章、听音乐、编辑图片，还可以用它来玩游戏。这样的电脑看起来很灵活，但它的运行效率其实并不高，因为电脑的硬件无法做到为特定任务做优化，它样样都会，但样样都不精通。反过来，一台像Play Station、XBOX那样的游戏主机，除了玩游戏，几乎什么也干不了。但由于它的内部结构是为运行游戏专门优化的，所以运行游戏的效率极高，一台售价2000多元的游戏主机运行游戏的效果，往往可以匹敌售价上万元的个人电脑。

成年人面临的挑战，往往是要高效率地执行某一些对他的生存而言至关重要的任务。所以成年人的大脑得像一台运行起游戏来效率爆棚的游戏主机，而不是一台万能的个人电脑。为了达到这个目标，大脑的功能就需要被精简，那些不够好用的神经连接逐渐被修剪掉，只留下最有用的那一部分。修剪完成的成年大脑虽然在神经元数量上与童年相比少得可怜，但它"少而精"。

而另一方面，为了追求效率，灵活性和兼容性就只好被舍弃了。成年人心智的灵活性大打折扣，他们更难被改变，更难接受新鲜事物，学习能力也大幅下降。从童年到成年的转变，其实就像是逐步把一台个人电脑改造成游戏机,以"可能性"的牺牲换来"效率"的提升。

在童年期,神经修剪的过程逐渐把一个神经元数量庞大且充满灵活性的大脑,转变为一个神经元少而精的高效率大脑,这就是"修剪神经,提升效率"原理的内涵。

> **修剪神经,提升效率**
>
> 婴儿出生后,大脑里的神经元数量先是会急剧增多,到3岁左右时,神经元连接数达到峰值。此后,大脑启动慢慢修剪神经元的过程。随着孩子的成长,大脑里多余的、不常用的、低效率的神经元会被慢慢修剪掉。神经元数量在整个童年阶段逐步减少,直到成年。通过神经修剪,神经元数量庞大且充满灵活性的儿童大脑,转变为神经元少而精的高效率成年大脑。

那么具体而言,童年大脑这台"个人电脑"是以什么样的步骤被改造成游戏机一样的成年大脑的呢?

大体来讲分三个步骤。这三个步骤也构成了童年的三大阶段——学龄前、学龄期和青春期。

童年第一阶段：学龄前

童年的第一个阶段是从出生后到学龄前，大约是0~6岁，也就是从婴幼儿到学龄前儿童这个阶段。这个阶段的幼儿的主要任务是"开放地探索世界"。

发展心理学家艾莉森·高普尼克（Alison Gopnik）把幼儿的学习方式叫作**"探索式学习"**（discovery learning）[1]。幼儿的很多心理特征和行为特点都是为"探索式学习"服务的。

比如说，幼儿的注意力与大人相比有很大的差别。成年人的注意力是集中的，就像是盏探照灯，能照亮一个很小的区域；而幼儿的注意力更像是能同时照亮四周的灯笼。幼儿的注意力很多时候是发散的、没有焦点的。幼儿经常可以同时体验周围的各种事物。家长们可能有过这种体会，几个大人在宝宝边上谈话，忽然之间，宝宝就说出了大人对话里的一些词语，把大人们吓一跳。明明宝宝好像是很认真地在玩自己的，但他实际上就是有能力边玩边听大人说话。

幼儿的任务是开放地探索世界。他们不会在头脑里预设要过滤什么、接受什么，而是把注意力分散在整个环境里，吸收各种信息。这

---

[1] 高普尼克. 园丁与木匠［M］. 北京：中国人民大学出版社，2019：183-214.

就是为什么幼儿的注意力是灯笼式的[1]，这是与他们的核心任务相匹配的。

童年第二阶段：学龄期

孩子在学龄前占绝对优势的，是学习知识这一端，但到了大约6岁以后，神经元被修剪的趋势变得明显，大脑的发育模式逐渐向提升使用知识的效率这一端移动。童年由此进入了第二个阶段——学龄期，年龄跨度是6~10岁，约等于我国教育制度下的小学阶段。

学龄期，孩子的核心任务也发生了变化，除了继续探索世界，学龄期的孩子也开始学习成为能高效运用知识和技能的成年人。其实我们的祖先早就抓住了这个规律，在学校被发明之前的历史时期，孩子们差不多就是在这个年龄开始成为非正式的学徒，学习如何成为猎人、厨师、骑士……

除了探索式学习，学龄期的孩子也开始越来越多地进行另一种学习——"掌握式学习"（mastery learning）[2]。掌握式学习不再是发散式地探索，而是学习如何把已知的知识和技能运用得更熟练。那些当学徒的孩子大量进行的就是掌握式的学习。例如，"如何当好骑士"的知识点其实并没有那么多，熟练掌握骑马、射箭、砍杀的技能才是

---

[1] 高普尼克. 宝宝也是哲学家：学习与思考的惊奇发现[M]. 杭州：浙江人民出版社，2014：81-104.
[2] 高普尼克. 园丁与木匠[M]. 北京：中国人民大学出版社，2019：183-214.

关键。今天的孩子大多已经不当学徒了，但他们在学校里的学习还是包含大量掌握式的内容。小学生的很多作业其实都是通过反复练习学会熟练地运用已有的知识。

神经连接被修剪的过程，遵循"要么使用，要么丢弃"（use it or lose it）这样一个原则[1]。经常使用的神经连接会被保留下来，不经常使用的神经连接则被修剪掉。反复练习对应的就是这个过程。而被保留下来的那些神经连接——尤其是经常使用的那些——还会越来越多地被一种叫作**髓磷脂**（myelin）的物质覆盖，它能让神经元对电信号的传递变得更加高效。于是，大脑在解决某些特定问题时，效率就会变得非常高。

在学龄期，儿童的注意力也自然而然地从灯笼式逐步转向了更集中的探照灯式，这有利于有更明确目标的掌握式学习。

学龄期的孩子大脑相对来说比较平静，不过这更像是暴风雨前的宁静。大约到了10岁，暴风雨降临，儿童进入了躁动的第三阶段——青春期。

童年第三阶段：青春期

青春期的核心任务又一次发生了变化。在这个阶段，孩子们的核

---

[1] Shors T J, Anderson M L, Curlik Ⅱ D M, et al. Use It or Lose It: How Neurogenesis Keeps the Brain Fit for Learning[J]. Behavioural Brain Research, 2012, 227（2）: 450–458.

心任务是学习离开受父母保护的环境，去探索更广阔的社会，学习独立生活[1]。

儿童在青春期的很多心理和行为改变，都跟这个学会独立的核心任务有关。比如说，我们一般都会在青春期发展出对音乐、食物和时尚的稳定品味[2]。这些品味帮我们构建出一个完整的人格，帮我们定义"我是谁"。这当然是为日后独立生活所做的一种必要准备。

青春期孩子的另一种强烈渴望是获得同伴的认可[3]。青春期的"独立"只是相对于父母而言的，其实在另一面，他们会迫切地投入同龄人群体的怀抱。这也是对成年生活的一种彩排，群体成员之间的相互认可和相互扶持，是成年人最重要的一种社会关系。

青春期的孩子也特别渴望冒险[4]，渴望去真实世界里闯一闯。冒险的冲动本身其实没有问题，有问题的是青少年的冒险行为往往把握不住分寸，他们很容易闯过头、踩过界。孩子进入青春期之后，发生意外、卷入刑事案件的比例都急剧上升，直到青春期结束后才会回落

---

[1] Sapolsky R M. Behave: The Biology of Humans at Our Best and Worst[M]. London: Penguin, 2017: 154-173.
[2] Zillmann D, Gan S. Musical Taste in Adolescence[M]//The Social Psychology of Music. Oxford: Oxford University Press, 1997: 161-187.
[3] Woodhouse S S, Dykas M J, Cassidy J. Loneliness and Peer Relations in Adolescence[J]. Social Development, 2012, 21（2）: 273-293.
[4] Steinberg L. Risk Taking in Adolescence: What Changes, and Why?[J]. Annals of the New York Academy of Sciences, 2004, 1021（1）: 51-58.

到之前的水平[1]。

青春期总是伴随着躁动、失控的基调。这又是为什么呢？这是因为负责克制冲动行为的前额叶皮层在青春期阶段远未成熟。前额叶皮层是大脑里负责克制冲动、做长远规划的决策司令部（我们在介绍"活在当下"的莱尔米特征的时候提到过这一点）。而神经科学家的研究表明，前额叶皮层要到25岁左右才能完成神经连接的修剪，它是大脑里最晚成熟的一个脑区[2]。如果把前额叶皮层的功能比作踩刹车，那么青春期孩子的大脑就像是一辆动力十足却没有配备合格刹车的跑车，很容易就超速行驶。

于是我们的最后一个问题就是：为什么前额叶皮层不能配合年龄的脚步同步发展呢？如果前额叶皮层早点成熟起来，我们不就可以更平稳地度过青春期了吗？

关于这个问题，科学家还没有找到确切的答案。神经生物学家罗伯特·萨波尔斯基（Robert Sapolsky）推测[3]，前额叶皮层的超级晚熟是一种不得已和无可奈何。成年人的生活里到处都是关键的分岔路口——学业、工作方面的抉择，上下级关系的处理，复杂的人情世

---

[1] Steffensmeier D J, Allan E A, Harer M D, et al. Age and the Distribution of Crime[J]. American Journal of Sociology, 1989, 94（4）: 803-831.
[2] Krasnegor N A, Lyon G, Goldman-Rakic P S. Development of the Prefrontal Cortex: Evolution, Neurobiology, and Behavior[M]. Baltimore: Paul H Brookes Publishing, 1997.
[3] Sapolsky R M. Behave: The Biology of Humans at Our Best and Worst[M]. London: Penguin, 2017: 154-173.

故和机会取舍……带领我们安然度过这一切，是前额叶皮层的职责所在，而要发展出在各种情境下都能做出正确选择的能力，只能深深地依赖大量后天经验的塑造。

也许这就是答案了。我们的大脑深受基因影响，我们带着基因展开一生，但前额叶皮层却是大脑中最不受基因限制、最受后天经验塑造的那一部分。它的塑造过程得花上20多年才得以完成。而青春期的躁动，可能就是我们不得不为此支付的代价。

启发与应用：先扩张，后收缩

"修剪神经，提升效率"原理让我们看到，大脑里的神经元在童年阶段并不是积少成多，而是先暴增，后修剪。能高效率解决问题的成年大脑是通过这样一种"曲线救国"的途径构建出来的。先通过扩张创造可能性，再通过收缩提升效率，这既是一种在进化中被选择出来的"解题方法"，也是一种可以扩展到其他领域的通用解题思路。为了达到追求效率的目标，我们也许并不一定要从起点开始一路直奔终点，"先扩张，后收缩"或许才是一条更加高明的路径。

扩展阅读

艾莉森·高普尼克，《园丁与木匠》，浙江人民出版社，2019年

推荐理由：著名发展心理学家艾莉森·高普尼克对儿童和青少年心智发展特点的介绍和综述。

原理9 因材施教
——理想的教育是个性化的

不论处于学龄前、学龄期还是青春期,学习都是童年生活的主旋律。我们不断学习知识和技能,为成年生活做准备。不用我举例大家也知道,今天的家长、教学专家和老师普遍对学习和教育的现状感到不满,虽然孩子学得痛苦,老师管得吃力,家长殚精竭虑,但似乎并没有取得多好的教学效果。问题出在哪里?

从心理学的角度出发,问题的一个关键可能是:学习和教育其实是相当奢侈的活动。教学活动本质上是教育者和学习者的**一对一互动**,老师得为每一个孩子量身定制一套个性化的教学方案,并且进行一对一教学。如果把学习比作孩子要买一件合身的衣服,那么理想的状况是:孩子应该去一家裁缝店,由一位老师傅拿着尺子测量孩子的身材,根据孩子的身材定制一套衣服。

这就是心理学视角下的**"因材施教"原理**：理想的教育是个性化的，教学者为学习者量身定制学习方案，并且与学习者一对一互动，这样才能达到最佳教学效果。

> **因材施教**
>
> 理想的教育是个性化的，教学者为学习者量身定制学习方案，并且与学习者一对一互动，这样才能达到最佳教学效果。这一规律体现在"吸引学习者的注意力""激发学习者的好奇心""反馈学习结果""巩固学习知识"等各个学习环节中。

可惜，现实中的情况却是，大多数孩子要买衣服时只能去服装店，服装店里的衣服只有几个标准尺码，所以买到合身衣服的孩子只是一部分幸运儿而已。从这个角度出发，我们就能更好地理解现实中教育质量不佳的无奈。

法国神经科学家斯坦尼斯拉斯·迪昂（Stanislas Dehaene）在他的《大脑如何精准学习》这本书里提出，学习有四根支柱：注意力、主动参与、反馈和巩固[1]。下面我们借助迪昂的这个模型，分别从这四根支柱切入，来体会为什么最理想的教育是一对一"量体裁衣"、因

---

[1] Dehaene S. How We Learn: Why Brains Learn Better Than Any Machine... for Now[M]. London: Penguin, 2021.

材施教的。

学习四支柱之一：注意力

　　学习的第一根支柱是**注意力**。迪昂提出，人类的注意力有一个显著特点，那就是对他人的**意图**特别敏感，尤其是**教学的意图**。也就是说，当一个人传达出"想要传授一些东西给我们"这种信号的时候，我们就会立即捕捉到这个信号，并把注意力转向他，从他接下来的神态、动作和语言里学习。我们的头脑中好像有一个开关，一旦注意到身边有一个教育者，就立刻把自己切换成"学习模式"。

　　那我们是怎样捕捉这种"对方想要教我们"的信号的呢？关键就在对方的眼神。比如，有人在婴儿身边说话时，他们的第一个反应就是去看说话者的眼睛，只有在有眼神接触之后，婴儿才会转头去看说话者凝视的物体。也就是说，婴儿是通过眼神接触来启动"学习模式"的[1]。

　　除了眼神接触，手指的指向也很重要。比如，大人先吸引了一个9个月大的婴儿的注意力，然后用手指向一个东西，那么婴儿就会记得这个东西的名字（例如，大人边用手指着苹果，边说"苹果"）；但是假如婴儿只是看到大人伸出手去拿那个物体，那么婴儿只会记得那个物体的位置，而不记得物体的名称（大人边用手拿起苹果，边说

---

[1] Gergely G, Csibra G. Teleological Reasoning in Infancy: The Naıve Theory of Rational Action[J]. Trends in Cognitive Sciences, 2003, 7 (7) : 287–292.

"苹果")[1]。可见,教育者用手指指点点,也是提醒对面的人启动"学习模式"的一个信号。

所以,要启动孩子的"学习模式",老师、父母的眼神与手势都很关键。但问题也就随之浮现了。因为眼神与手势的交流本质上是一种一对一、面对面的互动——你看我,我看你;我指给你看,你看我指的东西。

这就是"因材施教"原理在吸引学习者注意力方面的体现:能最高效率地吸引学习者的注意力、启动他们的学习模式的,是一对一的教学。但这显然太奢侈了。在学校课堂上,老师很难与每个学生都有频繁的眼神接触,也很难保证每个学生都关注自己的手势。所以,课堂教学的效果显然比一对一的面对面教学差了一截。

而屏幕教学,也就是网课的效果就又差了一截。虽然乍一看,网课好像是模拟了一对一教学的模式,但其实孩子的大脑对屏幕里的人和对身边的人的反应不尽相同。有一项研究[2]发现,9个月大的美国婴儿只需要被一个说普通话的中国保姆带几个星期,就可以学到中文的音素(中文最基本的发音单元)。但如果是给婴儿看视频,尽管接触到中文的时间一样长,他们却完全学不到中文发音。

[1] Yoon J M D, Johnson M H, Csibra G. Communication-Induced Memory Biases in Preverbal Infants[J]. Proceedings of the National Academy of Sciences, 2008, 105(36): 13690-13695.
[2] Kuhl P K, Tsao F M, Liu H M. Foreign-Language Experience in Infancy: Effects of Short-Term Exposure and Social Interaction on Phonetic Learning[J]. Proceedings of the National Academy of Sciences, 2003, 100(15): 9096-9101.

虚拟教学想要取得跟面对面教学类似的效果，恐怕还有很长的路要走。这也提醒家长朋友：即便要用视频或网课来教孩子知识，家长也还是得陪在孩子身边，有一个真人在边上为他"指指点点"一番，教学效果才可能会有显著改变。

总之，学校教育目前很难在学习的第一根支柱——注意力——上，做到为每一个孩子提供一对一量身定制的教学服务。

学习四支柱之二：主动参与

再来看学习的第二根支柱：**主动参与**。学习的一个基本规律是，孩子越是自己主动地参与学习，学习效果通常就越好。换句话说，好奇心是最有效的学习加速器。

但激发好奇心的条件其实很苛刻：只有当我们想了解的知识超过我们现有的知识一点点（不能超出太多）时，好奇心才会被最大限度地激发[1]。如果新知识超过我们现有的知识太多，且太难、太复杂，我们就会被难度吓倒，望而却步。

所以，如果想要持续地激发学习者的好奇心，就得根据学习者当前掌握的知识，随时动态地调整新知识的难度——这又是一种"量体裁衣"、因材施教的操作。每个孩子的学习进度和水平都不一样，老

---

[1] Kang M J, Hsu M, Krajbich I M, et al. The Wick in the Candle of Learning: Epistemic Curiosity Activates Reward Circuitry and Enhances Memory[J]. Psychological Science, 2009, 20 (8): 963-973.

师其实应该根据每个孩子的程度传授不同的知识，布置不同的作业。这在当前的学校教育里显然不太可能实现。老师通常只能按照班里中游水平学生的程度来教学，但这么做的弊端就是进展快的孩子觉得无聊，而进展慢的孩子又觉得跟不上。于是，很多孩子对学校里的学习失去了好奇心，学习的第二根支柱——主动参与——的效果也就打折扣了。

学习四支柱之三：反馈

学习的第三根支柱是**反馈**。

学习在本质上是一个提出假设、验证假设的过程。遇到新问题时，我们经过思考，提出一个假设："答案是不是这个？"然后从实际结果中得到反馈。如果证明假设正确，那我们就会把这个假设当成知识，存储到自己的知识库中；如果反馈的结果与假设不符合，那我们就展开新的思考，提出新的假设，直到找到正确的知识。我们的知识是在一次次的反馈中逐渐扩充的。

所以在理想的状况下，教育者应该提供很多让学习者提出假设、验证假设的机会，这样他们才可以利用反馈来学习。但我们不妨回忆一下：你在上学时，一堂课、一个学期里，你有过多少次"提出假设，验证假设"的机会？估计不多。老师大多数时候还是倾向把知识从头到尾讲给学生听的。

不过，这仍然是出于无奈。因为"提出假设，然后给出反馈"的一来一回，其实根本上还是一个一对一"量体裁衣"、因材施教的过程。对稍微复杂一点的问题，每个学生可能有不同的思考角度，老师给出的反馈也就应该有不同的侧重点。而这种精准的反馈至少在课堂教学中是很难实现的。

好在有一种方法弥补了课堂教学里反馈的缺失，那就是测验。目前已经有相当数量的科学论文证实，测验对学生的知识掌握效果奇佳[1]。不过，测验的分数其实是最不重要的，重要的是错题订正，订正错题就是从反馈中学习的最好机会。我国的教育体制很重视考试，这本来是一个难得的优点，可惜我们过犹不及，多数考试已经偏离了检查知识掌握情况、提供反馈的本意。

学习四支柱之四：巩固

最后来看学习的第四根支柱——**巩固**。学习的最后一个关键环节当然是知识的巩固。知识靠什么来巩固呢？除了复习，巩固知识最重要的方式其实是睡眠。

过去近30年里，神经科学最重要的发现之一就是证实了睡眠的核心功能是巩固白天学到的知识和技能。白天发生的重要事件和学到的重要知识在睡眠中被归纳整理，然后被转运到长时记忆区储存起

---

[1] Kuhl P K, Tsao F M, Liu H M. Foreign-Language Experience in Infancy: Effects of Short-Term Exposure and Social Interaction on Phonetic Learning[J]. Proceedings of the National Academy of Sciences, 2003, 100（15）：9096-9101.

来[1]。因此，充足的睡眠对学习效果的巩固至关重要[2]。

这一科学发现对教育政策制定者、老师和家长的启示当然是：必须保证孩子的充足睡眠。但在这一点上，我国的教育实践做得非常糟糕，孩子睡眠不足是常态。

不过，即便是在那些比较能保证孩子整体睡眠的国家和地区，在保障睡眠这个问题上还是遭遇了难以个性化的"量体裁衣"问题。问题出在人与人之间在作息节律上存在的天生差异。人群中约有79%的人作息时间差异不大，他们比较习惯早睡早起，可以算作"早鸟型"；而剩下的21%的人，天生就习惯晚睡晚起，是"夜猫子型"[3]。夜猫子在上午往往显得萎靡不振，他们的身体机能在下午较晚时或晚间才达到高峰。我自己就是典型的夜猫子，到傍晚时才忽然来劲，晚上八九点时工作效率奇高。而我这样的夜猫子，上学时每天都在感受这个世界的"恶意"。因为学校的作息制度是按照早鸟型的人来制定的，学校通常会把每天最重要的学习任务安排在上午，而这正是我等夜猫子头脑最像糨糊的时段。但学校不可能为我这样的夜猫子量身定制一套作息时间。

关于学生的作息节律，还有一点值得关注：一个人属于"早鸟"

---

[1] Walker M. Why We Sleep: Unlocking the Power of Sleep and Dreams[M]. New York: Simon and Schuster, 2017: 107-132.
[2] Walker M. Why We Sleep: Unlocking the Power of Sleep and Dreams[M]. New York: Simon and Schuster, 2017: 133-163.
[3] Roenneberg T, Kuehnle T, Juda M, et al. Epidemiology of the Human Circadian Clock[J]. Sleep Medicine Reviews, 2007, 11 (6): 429-438.

还是"夜猫子",除了天生的倾向,还会随着年龄的增长发生变化。青春期之前的小朋友更偏向"早鸟",而进入青春期之后就会偏向"夜猫子"。"夜猫子"属性在20岁时达到巅峰,此后又会慢慢地转回"早鸟"[1]。也就是说,中学和大学阶段是人生中最偏向"夜猫子型"的年龄段,所以中学和大学的作息时间应该适当往晚一点调才比较合适。已经有研究发现,中学早上上学时间如果延迟到8点半之后,学生的学习成绩就会改善[2]。也就是说,在理想状况下,学校的作息时间也应该根据学生的年龄来"量体裁衣",做个性化调整。但可惜的是,这些研究结论没有得到应有的重视,中学的作息时间普遍比小学还更偏向"早鸟"。

启发与应用:个人的努力

到这里,我们从学习四根支柱的角度展示了为什么最理想的教育应该是"量体裁衣"、因材施教的。很无奈,对这四根支柱的任何一个方面,现实中的学校教育几乎都很难做到为每一个学生量身定制学习方案。

那么,如果你是一位家长,你能做的大概就是在能力范围内,尽可能地为孩子"量体裁衣";而如果你自己就是一个学习者,那么

---

[1] Roenneberg T, Kuehnle T, Pramstaller P P, et al. A Marker for the End of Adolescence[J]. Current Biology, 2004, 14 (24): R1038-R1039.
[2] Edwards F. Early to rise? The effect of daily start times on academic performance[J]. Economics of Education Review, 2012, 31 (6): 970-983.

你也要尽可能地从本节介绍的四根学习支柱切入，为自己"量体裁衣"，定制一套独家学习方案。

扩展阅读

斯坦尼斯拉斯·迪昂，《大脑如何精准学习》，Penguin，2021年

推荐理由：法国著名神经科学家斯坦尼斯拉斯·迪昂对人类学习机制的全面介绍。

原理10 记忆易被修改
——"抽象化"与"回忆"如何重构记忆

说完了学习，我们再来看记忆。学习和记忆是两个直接关联的话题。记忆，就是学习的成果。通过学习获得的经验和知识，以记忆的形式存储在大脑里，在适当的时候，记忆被提取出来指导我们的行动。因此记忆也是大脑几乎所有高级功能的基础，没有了记忆对知识和经验的积累，语言、推理、社交这些大脑的高级功能就无从谈起。

记忆是如此重要，但问题是它可靠吗？其实，记忆并不太可靠，它们很容易发生扭曲，很容易被篡改。很多人以为记忆就好像是存放在头脑中的一部老电影，回忆就是把电影拿出来放一遍。但实际上，回忆与其说是重看老电影，不如说更像是一位导演结合自己当前的感受和当今观众的口味和需要，把老电影翻拍了一遍。人的记忆其实是动态的，它被反复修改、反复建构。记忆是一部不停被翻拍的电影。

记忆并不是"往日重现",它并不忠实地记录过去,而是"往日重构"。记忆经常会被重新建构。

> **记忆易被修改**
>
> 记忆并不是对过去经验的忠实记录,它不是"往日重现",而是"往日重构"。记忆经常会被重新建构。记忆的"抽象化"过程及"回忆"这个动作本身,都会重构记忆。

下面我们来具体看看,记忆这部电影是如何被不停翻拍的。记忆为什么有这样的特点,它的意义何在,又会给我们带来哪些困扰?

记忆不止一种

要理解"记忆易被修改"这个原理,我们首先要了解一个前置知识,那就是:人的记忆不止一种。

平时聊天时,我们爱说某人记忆力很好,某人记性很差——仿佛记忆是铁板一块,是好是坏,一句话就能说清。但仔细一想就会发觉这其实不对。有些孩子读书过目不忘,但记住课间操的动作却非常吃力;有些人可能特别善于记住各种具体的生活琐事,但那些抽象的知识,学再多遍也留不下什么印象。

这背后的原因其实是,人有不同种类的记忆。大体来说,我们有两套记忆系统,分别是**有意识的记忆**和**无意识的记忆**。两者由大脑中的不同部位负责。有意识的记忆也叫**外显记忆**（explicit memory），它涉及大脑的新皮层和边缘系统的海马体等几个区域。无意识的记忆又叫**内隐记忆**（implicit memory），它主要由一些大脑更内层的、在进化上更古老的结构负责[1]。

有意识的外显记忆又包含两种主要类型——**事件记忆**（episodic memory）和**语义记忆**（semantic memory）。**事件记忆**指的是能回想起时间、地点和人物的那些记忆，包括我们自己的亲身经历，也包括我们从新闻、电影、电视里了解到的事件。而**语义记忆**指的是那些剥离掉了时间、地点和人物的抽象知识，比如对数学定理、唐诗宋词、食物类别的记忆。

事件记忆和语义记忆都是可以言传的——可以说出来讲给别人听。我们可以告诉别人，自己昨天吃过哪些好吃的，也可以背九九乘法表给别人听。而无意识的内隐记忆就不可言传了——你明明记得，但说不出来，甚至意识不到自己拥有这份记忆。

无意识记忆里最主要的一种类别是**程序记忆**（procedural memory）。程序记忆指的是一些运动技能与习惯性的反应，比如，骑自行车时如何控制肌肉的记忆就属于程序记忆（有一些书里也把这种记忆叫作"肌肉记忆"）。程序记忆是无意识的，只要你会骑车，那就说明这

---

[1] 关于各种不同类型记忆涉及的脑区，更多细节参见：Josselyn S A, Köhler S, Frankland P W. Finding the Engram[J]. Nature Reviews Neuroscience, 2015, 16（9）：521-534.。

份记忆存储在大脑中。但我们并不能把它们表达出来，完全意识不到肌肉是如何用力才让车保持平衡的。

不知道你看电影时有没有注意到一个大俗套：电影里那些失去记忆的特工或大侠虽然忘记了自己是谁，却总是不会忘记自己的身手。《谍影重重》里失忆特工杰森·伯恩这样，《黄飞鸿：西域雄狮》里失去记忆的黄飞鸿也是这样——尽管不知道自己姓甚名谁，但跟人打起架来，手里的功夫可一点儿都没忘。

结合上面这些知识，我们就会发现这种大俗套设定其实还蛮合理的。"自己是谁"是有意识的事件记忆，"怎么打架"是无意识的程序记忆，它们由大脑的不同区域负责，所以并不会"一损俱损"。黄飞鸿忘记自己的名字却还记得怎么打架，这其实挺合理的。

有意识的事件记忆和语义记忆，以及无意识的程序记忆，这就是三种最主要的记忆类型。其中，由于意识无法介入，程序记忆不容易被改写（所谓"只要学会了骑车，就永远都会骑车"），所以记忆的改写和扭曲主要发生在有意识记忆的范畴内。具体来说，重构记忆主要有以下这两种情况。

第一种记忆重构：从具体到抽象

第一种记忆重构发生在从事件记忆到语义记忆的转化过程里。学习任何知识时，在一开始形成的记忆里都多多少少附带着那些与时间、地点和人物有关的信息。昨天刚学完几个新单词之后，你今天回想起来，可能还记得这几个单词在书里出现的位置，记得老师讲解这几个单词时的神态和口吻。但你最终需要的只是这些单词的读法、写法、含义等抽象知识，那些有关时间、地点和人物的信息都是不必要的。

所以，很多像单词、公式、定理这样的知识，在我们的记忆里都要完成一个从具体到抽象的转化过程，也就是要把事件记忆转换成语义记忆。当这个剥离具体情境的过程彻底完成，我们再遇到那几个单词时，学单词的经过已经被遗忘了，留在记忆里的只有关于单词的语义记忆了。这时，记忆就完成了从具体到抽象的**重构**。

套用本节开头那个翻拍电影的比喻就是：原版的电影是一部两小时的长片，各种细节十分丰富。但现在，翻拍电影的导演觉得影片精华其实只是其中的一个悬念而已，于是就把精华摘取出来，翻拍成了一个5分钟的短片。

这样的"翻拍"当然是非常必要的。它为大脑节省了宝贵的存储资源。所以这个抽象化的过程在头脑中不停地发生，知识被保留，但知识的来源会被不断地丢弃。

但是，忘记知识的来源有时候也会给我们带来一些麻烦，甚至闹出大乌龙。1970年，甲壳虫乐队的乔治·哈里森创作了一首叫"My Sweet Lord"（《我亲爱的上帝》）的歌。很快，乐迷们发现这首歌与1963年的一首老歌的旋律极其相似，于是老歌的原作者把乔治·哈里森告上法庭。乔治·哈里森承认自己以前的确听过那首老歌，但后来忘记了这件事。有一天，这段旋律突然出现在他脑海中，他以为这是自己的灵感爆发，就把它当作原创歌曲发表了出来。法官最后认定哈里森并没有蓄意剽窃，因为他实际上是被记忆重构给害了，他的记忆里只留下了抽象的知识（那段旋律），却忘记了知识的来源。不过虽然剽窃罪的罪名没有成立，唱片公司最后还是赔了几百万美元[1]。

这种问题其实经常困扰艺术家。甲壳虫乐队的另一位成员保罗·麦卡特尼是在梦里创作出后来传世的那首"Yesterday"（《昨天》）的旋律的。第二天醒来后，他特别害怕这是自己以前听到过的歌，只是没想起出处而已，于是反复跟周围的人确认，直到确认真的没有人听过这段旋律，他才相信那是自己在梦中的原创。

第二种记忆重构：回忆会扭曲记忆

把事件记忆转换成语义记忆，剥离学习知识时的那些背景，这是记忆的第一种重构。但也有很多记忆是不需要剥离背景的。比如关于一次旅行、一次生日聚会的记忆，你需要记住的本来就是时间、人物和地点。有些事件记忆本身就需要被保留。

但事件记忆是容易被扭曲的，因为每一次回忆其实都是对那段记忆的重构。比如，你正在回想10年前那个夏天的一场旅行，旅途中的

---

[1] 乔治·哈里森"剽窃事件"细节参见：Mastropolo F. 40 Years Ago: George Harrison Found Guilty of My Sweet Lord Plagiarism[EB/OL]. [2016-08-31]. https://ultimateclassicrock.com/george-harrison-my-sweet-lord-plagiarism/.

点点滴滴慢慢在脑海中浮现。这时，你可能会不自觉地把现在体验到的情绪代入过去。当时你其实跟同行的一个朋友相处得挺融洽，但如今你们关系疏远了，而你带着今天的感受去回忆，可能就会觉得当时没跟这位朋友有多少交流。于是，你的记忆就在不知不觉间被你自己微调了。

所以对于事件记忆来说，回忆这个动作本身就是会改变记忆的。这其实无可奈何，因为事件记忆只能基于一系列的线索来提取[1]。回忆10年前夏天的那场旅行时，你其实是顺着"10年前""夏天""旅行"这些关键词的线索，提取出大量的记忆片段，最后定位到关于那场旅行的记忆。这有点像通过关键词在搜索引擎里找信息，每个关键词各自定义出一些网页，它们的交集就是你想要的信息。

但用这样的方式来提取记忆，记忆里原来的那些信息就必然会被由线索引发的联想干扰。比如，本来你对那场旅行感觉良好，但后来有位伙伴一直在吐槽那次旅行里一些不愉快的经历，你基于他提供的线索来重构那场旅行的记忆，于是不知不觉间，那场旅行在你后来的回忆里也变得黯淡无光了。

回忆难免会拉低记忆的准确性，它在强化记忆中某些信息的同时，也必然让另一些信息变得不那么可靠。就像翻拍老电影时很有可能会把原版电影里的细节搞错，让情节变得荒腔走板。

---

[1] 林登. 进化的大脑：赋予我们爱情、记忆和美梦［M］. 上海：上海科学技术出版社，2009：97-98.

一种更极端的情况是，如果我们在回忆时受到了一些别有用心的暗示或诱导，那回忆的内容就很容易被强烈扭曲。这种现象在儿童身上尤其常见。在一项研究[1]中，研究者先安排一位中年男性访问一些学龄前儿童，给他们讲了个故事，做了会儿游戏，然后就离开了。第二天，如果研究者问这些孩子一些没有诱导性的问题，比如"那位叔叔昨天做了什么啊"，那么几乎所有孩子都能回忆出真实发生过的事，尽管回忆可能不完整。

但如果问的是一些诱导性的问题，结果就大不一样了。比如问："那位叔叔的头发是什么颜色？"很多孩子就真的会回忆出一种发色。但实际上那个叔叔是秃头，根本就没有头发。即使有的孩子刚开始说那个叔叔没有头发，但如果研究者坚持每隔一会儿就重复提问一次，几次之后，有的孩子就会愣住，然后叙述虚假的记忆，而且往往还绘声绘色："他有一头红发，还有一撮小胡子呢。"儿童很容易被这种诱导性的问题暗示，展开想象，最后用想象出来的内容篡改记忆。

这种现象在成年人身上也会发生，尽管程度要轻微一些。这就是为什么警察在向证人取证时必须要遵守一套严格的提问程序，要尽可能避免在问题里包含诱导性的信息，因为那会严重干扰证人的记忆，比如"你有没有看到歹徒逃跑时手里那把刀是什么样的"这种问题就

---

[1] 林登. 进化的大脑：赋予我们爱情、记忆和美梦 [M]. 上海：上海科学技术出版社, 2009: 101.

可能会诱导目击证人回忆起实际上并不存在的刀。

总之，记忆并不是静态地存储在大脑里，它是动态调整的，所以它并不总是忠实地记录过去，而是在重构过去。

启发与应用：警惕问题中的诱导信息

上述知识还给我们带来一个启发：记忆被改写并不总是坏事，从事件记忆到语义记忆的抽象化过程就是对知识的一种必要整理。我们要警惕的，主要是记忆被诱导性信息干扰的情况。在他人的引导下回忆时，我们要培养"审题"的习惯，不要轻易把对方问题中包含的信息当作事实，而是要随时提醒自己：对方的问题里包含哪些信息？其中哪些是事实，哪些只是假设？其中是否包含了不怀好意的诱导？这能帮我们尽可能地规避干扰，还原出更真实的记忆。

扩展阅读

杜威·德拉埃斯马，《记忆的风景》，北京联合出版公司，2014年

推荐理由：荷兰心理学家杜威·德拉埃斯马在这本书里介绍了关于记忆的种种有趣的科学细节。

原理11 人格有多个层次
——生理、社会与意志如何塑造人格

这一节，我们来到了"先天和后天"这个主题的尾声。上一章介绍的一系列先天因素和本章前几节介绍的那些后天经历，共同塑造了今天这个独一无二的你。你有你独一无二的人格——你是外向的还是内向的，你爱社交还是爱宅在家里，你做事严谨还是天马行空——在各种人格维度上，你都有自己的偏向。

塑造个人的先天、后天因素多种多样，因此人格其实有多个层次，每个层次的人格是由不同的因素塑造出来的。你是一个外向的人还是内向的人？这个问题其实没法笼统地回答。你很可能在某个人格层次上是外向的，但在另一个人格层次上却是内向的。我们其实得分层次地判断一个人的人格。

就拿我自己来说，有一回，我在一门选修课上偶然提到我自己

很内向，结果刚说完就引起爆笑，同学们都以为我在讲段子，他们完全不认为我是一个内向的人。其实我自己也知道，上课时要是讲到兴起，我的确会眉飞色舞、唾沫横飞，的确一点儿也不像一个矜持、害羞的内向者，反而更像是个外向的话痨。但是我同时也知道，自己在大多数场合都有偏内向的表现，内心也更认同那些让内向者感觉舒适的生活方式。比如我有点社交恐惧，跟大部分陌生人无话可说，参加各种聚会之后也往往会感到疲劳（这是内向者的显著特点），要是没事，我也宁愿自己一个人宅在家里看书、玩游戏。

为什么我明明就是个内向的人，但是很多时候又表现得外向呢？这矛盾吗？其实不矛盾。因为我一个人独处时的内向人格和课堂上的外向人格，其实分属不同的人格层次。

人格有多个层次

> 塑造个人的先天、后天因素多种多样，因此人格其实有多个层次，每个层次的人格由不同的因素塑造出来。因此我们无法给出"一个人是外向还是内向"这类问题的笼统回答，而应该分层次地考察人格。

那么人格到底有哪几个层次呢？关于人格的层次具体如何划分，不同心理学家有不同的理解。我们这里介绍的是哈佛大学心理学家布赖恩·利特尔（Brian Little）的观点[1]。在利特尔看来，我们的人格大体分成三个层次——生理人格、社会人格和意志人格[2]。

在介绍这三个人格层次之前，我们要了解一个概念，那就是**大五人格**（Big Five Personality Traits）。心理学家经过多年的研究，得出一个很重要的共识，那就是人格的维度乍一看多种多样，但大都可以归纳到五个维度里，分别是**尽责性**（conscientiousness）、**宜人性**（agreeableness）、**神经质**（neuroticism）、**经验开放性**（openness to experience）和**外向性**（extroversion），这就是大五人格[3]。每个人都可以在这五大维度上给自己定个位，画出自己的人格自画像。

在下面的三个人格层次中，我们看到大五人格中各个人格维度是如何被不同的生理、社会因素影响和塑造的。

人格层次之一：生理人格

首先，有一部分行为倾向是天生的，由遗传因素决定。这部分由遗传因素决定的人格，就是人格的第一个层次——生理人格。生理人格既然是由遗传因素决定，那就意味着刚出生的婴儿其实就会在这个层次上表现出各种不同的人格倾向。

---

[1] 利特尔. 突破天性［M］. 杭州：浙江人民出版社，2018：55-80.
[2] 在《突破天性》一书中，布赖恩·利特尔未对他提出人格层次进行概括，"生理人格""社会人格""意识人格"的定义由笔者归纳。
[3] Wiggins J S. The Five-Factor Model of Personality: Theoretical Perspectives[M]. New York: Guilford Press, 1996.

我们以大五人格里的"外向性"这个维度来举例。刚出生不久的婴儿是不是就已经有外向、内向之分呢？的确是的。如果我们在新生儿身边弄出非常吵闹的声音，有些新生儿会转向发出响声的方向，有些则会扭头避开。那些被响声吸引的新生儿，日后通常会成长成外向的人，而那些避开响声的新生儿则更有可能成长成内向者[1]。这何止是民间俗语说的"三岁看大，七岁看老"，这是"零岁看到老"。

刚出生的婴儿之所以就已经有内外向之别，是因为内向者和外向者之间存在一种与生俱来的生理层面的差异，那就是大脑某些区域的**唤醒**（arousal）水平不一样[2]。唤醒水平，简单理解就是大脑的兴奋程度。我们要顺利完成一项工作，大脑的唤醒水平太高或太低都不行，而是得维持在一个不高不低的兴奋程度上。内向者的默认唤醒水平很高，大脑天然地处于比较兴奋的状态，这就是为什么内向者往往会主动地躲开刺激性太强的环境。因为在刺激太丰富的环境里，大脑会变得更加兴奋，这样一来，他们的表现会变差。很多时候在别人眼里，就显得内向者孤僻、不合群。而外向者正好相反，他们的默认唤醒水平很低，大脑天然地处在一个不活跃的状态，所以外向者更喜欢待在热闹的地方，喜欢寻求刺激的环境。因为在这种环境里，他们大脑的唤醒水平才会提升到最佳状态。

---

[1] Elliott C D. Noise Tolerance and Extraversion in Children[J]. British Journal of Psychology, 1971, 62（3）: 375-380.
[2] Wilt J, Revelle W. Extraversion[M]//Handbook of Individual Differences in Social Behavior. New York: Guilford Press, 2009: 27-45.

其实除了外向性，大五人格里的每一个维度都有生物学角度的成因，比如宜人性维度。"宜人性"就是亲和性，它反映的是一个人的和善程度。高宜人性的人具有合作精神和同情心，友好，乐于助人，容易相处；相反，低宜人性的人愤世嫉俗，不友好，喜欢跟人对着干，较难跟人和平相处。宜人性的高低也能找到生理上的根源，那就是催产素水平。某些高宜人性的人体内携带着某些基因变异，这让他们的催产素水平天然偏高[1]。而我们在之前的章节里提过，在友好的社交氛围里，催产素能增进亲密行为。所以，讨不讨人喜欢、容不容易相处，这个性格维度也有遗传因素决定的成分。

以上这些例子让我们看到，人格倾向里有被基因决定的、偏生理性的成分。我们平时说的一个人"自然而然"的反应，指的通常是这种生物性的倾向。换句话说，生理人格往往决定了一个人的内在气质。我自处时表现得更像是个内向者，而且内心也认可自己是一个内向者，我认同的其实就是我的"生理人格"。

而且这种内在气质是很难改变的。我虽然可以把自己锻炼得在课堂上谈笑风生，跟外向者毫无二致，但我和生理上天生倾向为外向的人还是有难以改变的区别。一个外向的老师下课后照样精力充沛，而我这个生理层面上的内向者，上完课之后就会彻底蔫掉，要花好长时间才能恢复。

---

[1] DeYoung C G. Personality Neuroscience and the Biology of Traits[J]. Social and Personality Psychology Compass, 2010, 4（12）: 1165-1180.

人格层次之二：社会人格

人格里既有被基因决定的成分，也有被社会环境因素塑造的成分。文化、习俗、社会规范以及周围的人对我们的期望，也会影响我们的行为倾向。被社会因素塑造出来的人格，就是我们身上的第二个人格层次——社会人格。

我们先拿大五人格里的第三个人格维度——尽责性——来举例。尽责性就是一个人做事的严谨程度。如果一个人在尽责性维度上分数很高，那他的特点大致是做事有条理、有秩序、认真、坚韧、谨慎、周全、不冲动；相反，如果在尽责性维度上得分低，那么此人的风格大致是散漫、粗心、随意、轻率、冲动。

尽责性是会被一个社会的文化氛围塑造出来的，这点很容易观察到。有些文化崇尚高尽责性，鼓励人们坚韧不拔地追求目标，认真严谨地完成工作，我们儒家文化圈就有这种文化氛围。而有些文化正好反过来，它们崇尚低尽责性，认为放松、享受生活、开心地面对每一天才是正确的人生态度，比如南美洲的一些国家就有这种文化氛围。

一个人天生的尽责性水平可能不高也不低，他如果生活在东亚地区，最后可能就被文化氛围塑造成一个做事兢兢业业的人；而他如果成长在南美洲，最后可能就成了天天唱歌跳舞、嘻嘻哈哈的人。这就是被文化社会环境塑造出来的社会人格。

显然，一个人的生理人格和社会人格可能是相互矛盾的。如果一个天生爱一惊一乍的人却长在一个崇尚情感内敛、要求克制真情实感的文化里（比如日本），那他可能就要比其他人做出更多的调整。

顺便一说，一个人是不是容易一惊一乍，可以用大五人格里的神经质这个维度来衡量。神经质就是情绪的稳定性。神经质维度上得分高的人对环境里的各种信号——尤其是消极信号——很敏感，总能察觉到身边有各种威胁，所以高神经质的人总是一惊一乍的；相反，低神经质的人"神经大条"——任你风吹雨打，我自岿然不动。

以上这些，就是人格的第二个层次社会人格的含义。

人格层次之三：意志人格

除了生物因素和社会因素，还有一种重要因素会塑造人格倾向，那就是一个人的追求、抱负和人生计划，也就是个人的意志。被个人的意志塑造出来的人格，就是"意志人格"。很多时候，"意志人格"才是一个人真正表现出来的样子。

我们以大五人格里的最后一个维度——经验开放性——举例。经验开放性指的是对各种新体验、新观点、新人际关系、新环境是不是有开放的态度。经验开放性高的人对艺术和文化比较感兴趣，偏爱新奇的味道和气味，爱尝鲜；而经验开放性低的人生活比较封闭，抗拒新事物，墨守成规。

假设有个大学生，他经验开放性生来就很低，喜欢过一成不变的生活。不过有一回，他在大学选修课上被一位老师丰富的阅历和渊博的知识震撼，这让他意识到，获取丰富的体验才是人生的意义所在，于是他开始努力拓展自己的体验，生活得就像是一个高经验开放性的人。这时的他表现出来的高经验开放性，就是意志人格。

这样的例子在生活中其实有很多。也许你天生胆小如鼠，但被一位英雄见义勇为的事迹所感动，于是从此选择做一个勇敢的人；也许你天生自私无情，但有过一段贫困地区刻骨铭心的生活经历之后，决定投身慈善事业，为世界奉献最大的善意……我在课堂上表现出来的外向也是意志人格。那种外向是我有意训练出来的，因为在课堂上谈笑风生是我作为教师的业务要求。

所以，人并不一定是"三岁看大，七岁看老"，也未必会受制于社会环境而成为文化的囚徒，人有自由改变人格的空间。

重要的不是你心中是不是住着一个魔鬼，而是你是不是**决心**成为一名天使。

启发与应用：照顾好每一层人格

尽管决心成为一名天使很重要，但我们也不要太过亏待心中的魔鬼。"生来如此的你"与"社会期望的你"之间会发生矛盾，同样地，那个"生来如此的你"与这个"你想要成为的你"之间也会存在矛盾。长时间地压抑自己的生理人格，对健康是不利的[1]。

那怎么办？我认为，解决方法是我们要为自己留出一方精神角落。也许戴着面具的你是更好的你，但你不能总戴着面具，你得时不时地让自己的"生理人格"暂时获得喘息的机会，时不时地放纵一下自己生物性的特质。意志人格外向而生理人格内向的人，要给自己留好独处的时间和空间；外在开放、内心保守的人，也要时不时看看老电影、老书，躲进一个墨守成规的精神世界里，让自己放松下来。

人格的每一个层次其实都同样重要，也都该得到应有的关照。

扩展阅读

布赖恩·利特尔，《突破天性》，浙江人民出版社，2018年

推荐理由：哈佛大学心理学家布赖恩·利特尔介绍了关于"性格"的种种观点。

---

[1] Pennebaker J W. Opening Up: The Healing Power of Expressing Emotions[M]. New York: Guilford Press, 2012.

第四章

感知、思维与决策

扭曲真相，比喻成瘾，不求甚解……诸般法门，为求生存。

原理12 扭曲真相，保障生存
——感官并不忠实反映世界

本章将要探讨的，是与人类的认知能力有关的五个原理。认知（cognition），包含了感知、认识和理解世界的一系列心理过程。我们可以从信息的角度来理解人类的认知。首先，我们通过眼睛、耳朵、皮肤这些感觉器官从外部世界接收和捕获各种信息，这对应的是我们的感觉和知觉过程。接下来，信息在大脑中被加工处理，这对应的是我们的思维和推理过程。最后，以信息处理的结果为依据，我们输出一定的行动和反应，这对应的是决策过程。感知觉、思维和推理、决策，这就是"认知"这块拼图的三个主要议题。

这一节，我们先从感知觉——感官如何感知世界——这个议题开始谈起。

我们的感官有一个耐人寻味的特点，那就是它们并不总是会忠实地反映外部世界本来的样子。相反，感官经常会夸大客观世界的某些特征，忽略其他特征。之所以要扭曲外部世界，是因为感官是被自然选择、性选择等进化机制塑造出来的。进化不关心真相，只关心生存与繁衍。我们对外部世界的感知，多多少少也跟"生存繁衍"这个终极目标有关。感官不对真相负责，却要对我们的生存繁衍负责。所以在某些情况下，如果把客观世界做一点扭曲反而能提高生存和繁衍的概率，那么感官就不惜扭曲现实。

这就是"扭曲真相，保障生存"原理：感官表面上似乎很容易扭曲真相，但这种错误其实很高明，它们是为我们的生存繁衍保驾护航的。感官不是一个写实派的画家，而是一个印象派画家。它们不像写实派画家那样如实地还原客观世界，而是会像印象派画家那样对真实世界的很多细节进行变形、夸张和扭曲。

> **扭曲真相，保障生存**
>
> 感官并不总是忠实地反映外部世界本来的样子，在某些情况下，如果把客观世界做一点扭曲反而能提高个体生存繁衍的概率，那么感官就不惜扭曲现实。

那么，感官这个印象派画家具体是如何作画的呢？我们来看几个例子。

案例1：惊鸿一瞥效应

先来看惊鸿一瞥效应（glimpse effect）。"惊鸿一瞥效应"描述的是这样一种现象：某位男性在街上与一位女性擦肩而过，他偶然瞥到一眼这位女性的侧颜。这一瞥之下不得了，"哇，大美女"，于是男人赶紧偷偷回身追到女生面前又仔细看了一眼。可说来奇怪，定睛一看却发觉这位女士其实长得普普通通，刚才的"惊鸿一瞥"只是错觉而已。"惊鸿一瞥效应"指的就是这惊艳的第一眼和普普通通的第二眼之间的落差。

"惊鸿一瞥效应"是生活中非常普遍的一种现象，可能每位看到这里的男读者都遇到过类似的情况：男生在偶然瞥见女生的容貌、没法细看的时候，都会高估对方的"颜值"。科学家也已经在实验研究中证实，男人普遍认为自己匆匆一瞥的照片上的女性更漂亮[1]。

那么，为什么会有"惊鸿一瞥"这种错觉？答案就在于繁殖后代的需求。如果男性把不怎么有魅力的女性看成有魅力的，那么他只需多看两眼就能修正这个错误，不会耗费多少成本。但如果男人错把有魅力的女性当成普普通通的，那这位男士就跟一个难得的繁殖优秀后代的机会直接说"拜拜"了（参见"精子多而便宜，卵子少而宝贵"

---

[1] Vaughn D A, Eagleman D M. Briefly Glimpsed People Are More Attractive[J]. Archives of Neuroscience, 2017, 4 (1): e28543.

一节）。所以，男人的感官最好还是"撒个谎"，刻意拉高刚才瞥见的那个女生的魅力值，诱导男人采取进一步行动。

在"惊鸿一瞥"这种现象里，真相是第二位的，生存繁衍才是第一位的。为了生存繁衍，真相可以被感官扭曲。

案例2：夸大危险

再来看第二个案例。感官既然会夸大潜在的机会，当然也会夸大潜在的危险。比如，想象一下：你正走在一片草地上，忽然发现眼前两米开外的草丛里有一条灰黑色的条状物。你的第一反应会是什么？肯定是"虎躯一震"，立刻往后弹开两米，然后才敢回头仔细分辨："哦，原来是根树枝啊，虚惊一场。"

之所以"虎躯一震"，是因为在那一刹那，你的脑海里迅速地产生了一个错误的判断——那是一条蛇。有趣的是，这不是偶然犯错，几乎每次看见灰黑色的条状物，你都会受惊弹开。你的眼睛不是偶然看走了眼，而是每一次都会把草丛里的条状物看成一条蛇。

这当然是夸大了潜在的危险，但这种夸张却可以保护我们。因为在这种机制的作用之下，虽然100次里有99次我们会虚惊一场，但只要有一次不是，这种夸大危险的反应就能救我们一命。科学家同样也在实验室里复刻了类似的效应，比如有研究[1]发现，人们会高估往自

---

[1] Neuhoff J G. An Adaptive Bias in the Perception of Looming Auditory Motion[J]. Ecological Psychology, 2001, 13（2）: 87-110.

己靠近的物体的速度,而这种错误帮助我们预留出更多的时间来躲避危险。

在这种夸大危险的反应里,真相仍然是第二位的,排在第一的是生存问题。为了保障生存,真相可以被扭曲。

案例3:喜新厌旧

除了爱夸大机会和危险,感官还很"喜新厌旧"。早上起来后一走进厨房,我们被昨天晚上煮的鱼的气味熏得够呛,但1分钟之后就什么也闻不到了;刚刚打开电脑的时候,觉得机箱风扇的噪声特别烦,但很快我们就注意不到了……我们的视觉、听觉和嗅觉一般都会对新鲜的刺激产生比较强的反应,而对那些已经熟悉的旧刺激"视若无睹"。

感官为什么"喜新厌旧"呢?这是因为人的注意力资源有限。如果那些旧刺激一直牢牢吸引注意力,我们就难有余力注意到新出现的刺激。通过把有限的注意力资源优先分配给新出现的刺激,我们就可以更及时地发现潜在的机会,躲开潜在的危险[1]。

在这种"喜新厌旧"的现象中,感官也不是如实地按照刺激的物理强度来感受它们,而是会对它们做各种调节,以增强我们发现机会、躲避危险的能力。

---

[1] Webster M A. Evolving Concepts of Sensory Adaptation[J]. F1000 Biology Reports, 2012, 4: 21.

总之，我们的所见所闻并不一定正确反映世界的真相，但这种扭曲和失真反而会提升我们生存繁衍的成功率。

看来，看不清世界的真相其实并没有那么糟糕，有时候"看错"反而是好事一件。况且，我们的感官也不可能偏离真实的世界太多。毕竟，如果对面游过来的是一条鲨鱼，你却把它感知成海绵宝宝，那你怎么可能长命？

我想，刚才这些案例应该足以帮你理解感官通过扭曲真相来保障生存的原理了，感官会通过扭曲真相来为我们的生存繁衍保驾护航。但到这里，这一节的讨论还没结束。

启发与应用：不是眼睛看见，是大脑看见

从感官"扭曲真相，保障生存"的现象中，我们还可以引申出一个重要观念：感知这个世界的，其实并不是眼睛、耳朵或鼻子这些感觉器官，而是你的大脑。

以视觉为例。"看见"世界的其实不是眼睛，而是大脑。从上面举的例子里不难看出，投射到眼睛里的光信号与我们最终"看见"的东西并不完全是一回事。我们"看见"的，其实是大脑对光信号的解读和建构。每时每刻，大脑都带着它的预期和经验理解和解释眼睛收集到的信息。我们最后看到的其实是大脑对这些信息的解释，而不只是信息本身。

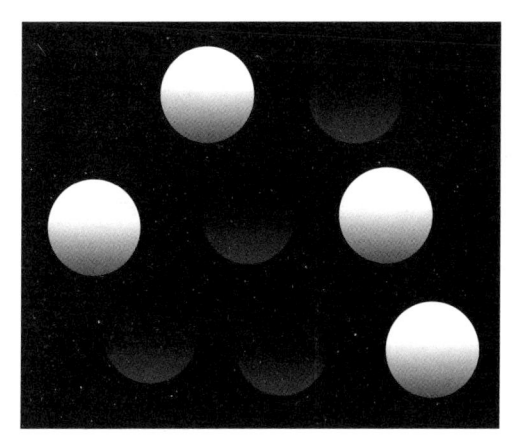

有一些错觉现象很能说明这一点。请看图4-1：

图4-1 阴影造成的立体错觉[1]

尽管这是一张黑白两色的平面图片，但在你的眼里，图中那些上白下灰的圆球是凸出来的，而那些上黑下灰的圆球是凹进去的，是吧？为什么你会在这张平面图片里看出凹凸感？而且两种圆球一凹一凸？

这是因为你的大脑带着它的经验来解释这张图片。根据以往的经验，在绝大多数时候，视野里的光源都是从上面照下来的。而从上往下照的光源会让凸出来的球显得上亮下暗，让凹进去的球显得上暗下亮。于是你就对这张图产生了有凹有凸的错觉。

这个现象最有趣的一点在于，即便你现在知道了这个错觉的原

---

[1] 图片来源：Ramachandran, V. S. (1988). Perception of shape from shading. Nature, 331 (6152), 163-166.。

理，你也几乎无法控制自己不产生这个错觉。也就是说，大脑利用它的经验对看到的事物进行解释，这个过程是在无意识中自动完成的，并不受你控制。不是当你希望理解这个世界时，大脑才开始工作；即便没有你的命令，大脑也始终在试图理解这个世界。

在下面这个例子里，"大脑主动理解世界"这种现象会展现得更淋漓尽致。请看图4-2：

图4-2 阿德尔森棋盘阴影错觉[1]

图4-2是一种非常著名的视错觉，叫阿德尔森棋盘阴影错觉（Adelson checker shadow illusion）。

图上A和B这两个区域，看上去A是深灰色，B是浅灰色，对吧？但这是错觉！如果你用截图软件分别截取A、B两块区域并列在一起，就

---

[1] 图片来源：https://en.wikipedia.org/wiki/Checker_shadow_illusion。

会看到它们的颜色深浅毫无差异。

这种错觉是怎么产生的呢？它其实并不神秘，原理大致如下[1]：

当你看到这张图时，大脑在一瞬间就识别出画面上的物体是国际象棋棋盘。而你知道棋盘是黑白方块交替的。B方块被暗方块包围，所以它是亮的。之所以看起来比其他亮方块暗一点，是因为它处在圆柱体的阴影里。所以在一瞬间，大脑综合以上这些信息，就把B方块识别成了一个处在阴影里的亮方块。而A方块被亮方块包围，于是大脑就把A方块识别成了"暗方块"。所以毫无疑问A比B暗。

换句话说，在看到图的那一瞬间，大脑就自动综合了眼睛接受到的真实光线的信息、关于棋盘的知识、关于阴影如何改变亮度的知识，然后判断出：方块B是阴影中的一个亮方块，而方块A是一个接受直接照明的暗方块。

这个错觉之所以产生，本质上是因为我们的大脑不能把这张照片当作有各种灰色区域的二维图案，大脑没有办法忽略图片所描绘的三维场景。

在很多网络文章里，类似的错觉图片被用来证明我们的视觉有缺陷。但这真的是一种缺陷吗？我觉得恰好相反！仅仅看了那么一眼，我们大脑做出的判断就自动综合了海量信息。这种"错觉"恰恰证明，我们的大脑能很好地理解我们所生活的三维环境。

---

[1] 关于阿德尔森棋盘错觉的原理，更多细节参见：梅西耶，斯珀伯. 理性之谜［M］. 北京：中信出版社，2018：3-28.

人有错觉，很多时候不是因为感官有缺陷，而是负责解释感官信息的大脑总能自动计算环境中各种背景知识，并直接反馈给我们一个复杂计算后得出的结果。我们的大脑了不起！

扩展阅读

道格拉斯·T. 肯里克，弗拉达斯·格里斯克维西斯，《理性动物》，中信出版社，2014年

推荐理由：这本书里介绍了大量"看似非理性，实则理性"的心理和行为。

原理13 无比喻，难言语
——人类善用比喻理解世界

我们继续顺着信息流往前走，看完感官如何接收各种信息，接着来看大脑是如何理解信息的。我们由此进入了认知范畴下的第二个议题：思维与推理。这一节，我们先来讨论一种人类理解世界的最基本思维模式——比喻。

> **无比喻，难言语**
>
> 语言里充斥着比喻。我们极其善于在语言中把一个事物跟另一个事物联系起来，借用比喻的方式来理解世界。

语言里充斥着比喻。我们极其善于在语言中把一个事物跟另一个事物联系起来，借用比喻的方式来理解世界。

我们的语言里充满了隐喻。这可不是说我们爱在写作文的时候来个比喻句，我们其实随时随地都在打比方。我们极其善于在语言中把一个事物跟另一个事物联系起来，把A比作B，借用比喻的方式来理解世界。就好像是无时无刻不在玩"连连看"游戏。我们总是会把一个需要理解的事物，跟一个我们更熟悉、更形象一点的事物用一条线连在一起。

事实上，这种"连连看"游戏是我们理解世界最基本的一种思维模式，它深度嵌合在我们的日常语言里。语言里的比喻太过于普遍，如果离开了它，我们说不定就连话都不会说了。下面这一系列的案例会让我们看到，人类是多么狂热地迷恋比喻。

案例1：抽象与具体连连看

我们先来看语言里最常见的一类比喻："抽象"与"具体"的连连看。

我们经常把一种看不见、摸不着的抽象事物比喻成看得见、摸得着的、更具体的事物。理解具体比较简单，理解抽象比较困难。所以一旦把抽象和具体用"连连看"的方式连接在了一起，我们就能更容易地理解那些抽象事物了。

这样的"连连看"的例子非常多，比如：

"责任的重压把他压垮了。"

责任是抽象的，但我们把它比作沉重的负担，这样我们就一下子理解了责任施加给人的压力（这句话用到了"压力"这个词，这其实还是在比喻。实际上，如果不用比喻，我都不知道该怎么形容责任对我们施加的影响）。

"通货膨胀把我们逼入了死角。"

通货膨胀是一个抽象的经济概念，我们把它拟人化，把它当作一个敌人。

"我们正在朝着和平的方向前进。"

和平是一个抽象的状态，我们把它比作远方的一个目的地，朝它靠近。

"经济基础决定上层建筑。"

这是把抽象的意识形态比喻成了建筑。

"有太多的事实需要我去消化。"

"这个主意已酝酿多年。"

"消化""酝酿"这些说法，是把抽象的想法比喻成了食物。

"那些想法在中世纪时就已经死绝了。"

这是把想法比喻成了人。

"这个理论还在萌芽期。"

这是把想法比作植物。

"他的思维枯竭了，让我们集思广益。"

这是把想法比作资源。

"包装你的想法非常重要。"

"他不买账"。

这是把想法比作商品。

"他的生活很空虚。"

"他的生活满是凄楚。"

这是把生活比作一种能放东西进去的容器。

"我手里有张王牌。"

"他赢了把大的。"

这是把生活比作一场赌博游戏。

把抽象的事物跟具体的事物类比,这是我们的语言里最常见的一种"连连看"。

案例2:空间与位置隐喻

另一种语言中数量巨大的比喻,是关于空间和位置的比喻。我们在表达很多意思时,其实都是用物体的方位或者是物体在空间里的移动来比喻的。

比如,我们会用方位上的**前**和**后**来比喻时间上的**未来**和**过去**。我们用**前面**这个方位来隐喻**未来**,比如面向未来的态度叫作"朝**前**看"。我们会说"未来近在**眼前**""未来**扑**面而来",未来是在我们"**前方**"的。相应地,我们用**后面**这个方位来比喻**过去**,比如沉溺于过去叫"往**后**看",政策倒退叫"开历史**倒**车",忘记过去叫"抛诸脑后"。

这种比喻是那么自然，以至于如果我们刻意打破这种定式，比如说"未来正在从身后悄悄逼近"，就会显得特别怪异。

那么时间的流逝与视觉上的前后方位的联系是怎么建立起来的呢？合理的推论是这样的：先从时间这个角度看——由于时间不停流逝，所以过去已经发生的事件总有远离我们的趋势，而未来将要发生的事情总有离我们越来越近的趋势。再看视觉上的前后方向——由于人们绝大多数时候都在往前走，所以身体后方的事物总有远离我们的趋势，而前方的事物总有离我们越来越近的趋势。

这样一来，时间流逝与身体运动之间相似的趋势就被大脑关联了起来：

身前的=未来，身后的=过去

从这个例子里，我们也看到一个关于隐喻的重要规律，那就是：隐喻的方向不是任意的，它以我们的经验为基础。正是因为我们有"前方的物体在视觉上总是向我们靠近"这个日常经验，才会把前方这个方位与同样有靠近趋势的"未来"关联在一起。

如果没有这个经验，脑海中就不太可能建立起这种隐喻。这其实已经被科学家证明了。在一项研究里，科学家发现，从小就失明的盲人很少有这种把前方与未来、后方与过去联系在一起的倾向[1]。有意思的是，盲人拥有另外一种"时间—空间"关联：他们会把"左边"跟"过去"关联，把"右边"跟"未来"关联。因为对于盲人来说，更普遍的一种空间经验是在阅读盲文时，左边是已经读完、远离自己的信息，而右边是将要阅读、趋近自己的信息，所以对于盲人来说：

左侧=过去，右侧=未来

下面是隐喻方向与经验方向匹配的另一些例子：

在形容情绪时，我们会说"我的情绪**高涨**""我这几天心情**低落**"。好的情绪是"高"的，坏的情绪是"低"的。为什么我们会用方位的上和下分别隐喻好情绪和坏情绪？

我们其实是在用身体的高低姿势来比喻好坏情绪。我们清醒的时候是站着的，睡着或者昏迷的时候是躺着的；我们站立时更容易发挥力量，躺下时则很难使出力气；我们健康时是腰背挺拔的，生病时是佝偻着的；把别人打趴下时我们是站着的，被别人打趴下时我们是躺着的……

正因为在绝大多数日常经验中，身体姿态的"高"都与"好"相联系，"低"都与"坏"相联系，所以我们乐于用"高"来隐喻各种积极的事物，用"低"来隐喻消极事物。比如在形容权力关系

---

[1] Rinaldi L, Vecchi T, Fantino M, et al. The Ego-Moving Metaphor of Time Relies on Visual Experience: No Representation of Time along the Sagittal Space in the Blind[J]. Journal of Experimental Psychology: General, 2018, 147（3）: 444.

时，我们会说"他如今位**高**权重""他的权力**上**升了""他是我的**下**属""他在我的掌控之**下**"。我们用方位的"上"来比喻更大的、处于支配地位的权力，用"下"来比喻更小的、处于从属地位的权力。

再比如说，我们形容道德时会说"他道德**高**尚""他坠入了**堕落**的**深渊**"。

还有一个有意思的例子是，我们通常认为理性在上，感性在下。比如我们会说："这个讨论已经**降级**到了情绪层面，但是我要把它**提升**到理性的层面。"我们还会说，"他无法**超越**情绪的影响。"这显然意味着，我们的文化里普遍默认理性比感性更好。

通过刚才这些例子，我们也看到，空间与位置隐喻其实也是关于我们自己身体姿态的隐喻。比喻一般来说是用一种我们更熟悉的事物来类比一种我们不太熟悉的事物。而我们自己的身体状态恐怕是一个人最熟悉不过的事物了。于是，我们利用身体在三维空间中的姿态与运动状态，在语言中生成了大量的比喻。

案例3：比喻是文化的缩影

我们可以从"理性在上，感性在下"这个例子看出来，比喻中其实包含着文化对事物的普遍理解和普遍观点。有不少比喻其实都是文化的缩影。

比如，我们会说"时间就是**金钱**""我在她身上**花**了很多时间""值得你**花**那时间吗""谢谢你能抽出**宝贵**的时间"。这些说法都是把时间比喻成金钱。之所以有这种比喻,是因为在我们的文化中,时间是宝贵的商品,是达到很多目标都需要的一种有限的资源。

在《我们赖以生存的隐喻》这本书里,认知语言学家乔治·莱考夫(George Lakoff)和马克·约翰逊(Mark Johnson)这样写道:"工作这个概念在现代西方文化下发展形成,提到它,通常就联想到工作所花的时间,时间被精确地量化。因此,人们习惯按照小时、星期或者年份来计酬……在我们的文化中,'时间就是金钱'的观念体现在许多方面,如电话信息费、计时工资、旅馆房费、年预算、贷款利息……"[1]

也就是说,是文化中先有了"时间很像金钱"这样的观念,然后我们才用比喻把它给总结了出来。

类似的例子还有,我们会说"他**击破**了我的所有论点""和他**争**论,我从来没**赢**过""你不同意?那**反击**啊"。这些说法都把争论比喻成战争。同样地,也正是因为在我们的文化里,争论中的规则大部分本来就来源于战争(语言上的攻击、防守、反击等),所以我们很自然地就借用了战争相关的词语来形容争论。

在《我们赖以生存的隐喻》里,作者提出了这样一个"脑洞":假设在一种完全不同的文化里,争论不被看作战争,没有人会在争论里赢或输,争论在他们那儿可能被看成像是一种文艺表演,争论的双

---

[1] 莱考夫,约翰逊. 我们赖以生存的隐喻[M]. 杭州:浙江大学出版社,2015:5.

方是要以相对立的观点来展现一种均衡的美感。那么在这种文化里,就肯定不会存在"争论就是战争"这种比喻,如果跟他们说:"我俩经过一番唇枪舌剑,最后势均力敌",那对方一定听得一头雾水("一头雾水"还是一个比喻!我们的语言真是离不开比喻)。

总之,日常语言中的比喻并不像是在文学创作中那样凭着作者的灵感随性而发,相反,日常语言中的这些比喻是根植于文化的,它们是对文化中本来就普遍存在的观念的提炼和总结。

启发与应用:善用比喻

通过上面这一系列的案例,你应该已经能体会到,我们的语言里充满了"连连看"似的操作。"无比喻,难言语",比喻是我们理解世界最基本的一种思维模式。这给我们的一个重要启示是:跟人沟通时、发表观点时、写作文章时,我们要尽可能利用恰当的比喻,因为这种表达方式顺应了人类的基本思维模式。

扩展阅读

乔治·莱考夫,马克·约翰逊,《我们赖以生存的隐喻》,浙江大学出版社,2015年

推荐理由:本节中提到的案例大部分参考或者改编自这本书中的案例。

原理14 事出必有因
——大脑渴望发现理由

我们在上一节说到，比喻是人类思维的一大特色。这一节我们把目光转向人类思维的另一个重要特点：大脑渴望寻找事件发生背后的理由。

大脑就像是一个侦探，总是要对我们的所见所闻、所作所为刨根问底，非常热切地想要找出行为背后的理由，归纳出事件运行的模式，挖掘出隐藏在事物背后的规律。

换句话说，对于我们身边发生的各种现象和事件（包括我们自身的行为和外部事件），我们通常会本能地相信它们一定"事出有因"，我们非常渴望了解现象背后的规律，了解事件发生的原因。大脑就好像患有强迫症一样，找不到现象背后的理由、挖不出事件背后的规律，就不会善罢甘休。这就是"事出必有因"原理。

> **事出必有因**
>
> 对于我们身边发生的各种现象和事件（包括我们自身的行为和外部事件），我们通常会本能地相信它们一定"事出有因"，我们非常渴望了解现象背后的规律，了解事件发生的原因。我们相信"事出必有因"。

下面这些案例会帮助我们理解为什么人会有这种渴望理由的"强迫症"。

案例1：裂脑人的离奇反应

先来看著名神经科学家迈克尔·扎加尼加（Michael Gazzaniga）对裂脑人的研究。裂脑人表现出的离奇反应，充分展示了人们爱为自己的行为寻找理由的现象。

所谓裂脑人，就是通过手术切掉大脑里胼胝体（corpus callosum）这个结构的人。胼胝体是大脑里连接左右两个半球的神经纤维束，切除胼胝体可以抑制某些脑部疾病的发作。胼胝体负责在大脑左右两个半球之间交换信息，因此一被切除，就会引发巨大的副作用：大脑左右两个半球之间无法交流信息，无法得知另一个半球接收到了什么信息，以及对信息做了什么样的加工处理。

于是，被切除胼胝体的裂脑人就给了科学家一个难得的机会去理解大脑左右两个半球的分工与合作问题。那么具体该怎么通过裂脑人开展研究呢？科学家利用了视觉信息在大脑里左右交叉处理这个原理——我们两只眼睛的左半边视野看到的东西只会汇集到右脑，而右半边视野看到的只汇集到左脑。这样一来，科学家只要分别在左、右视野呈现不同的物体，就可以精确操控裂脑人左右脑接收的信息。

在扎加尼加和他的同事设计的一个著名实验[1]里，他们向裂脑人的左脑呈现一张鸡爪子的图片，向右脑呈现一张冬日雪景的图片，然后又在他的左右视野分别呈现一些卡片，让他指出哪张卡片代表了他刚才看见的那幅画（如图4-3）。

图4-3 扎加尼加的裂脑人研究[2]

[1] Gazzaniga M S, Ledoux J E. The Split Brain and the Integrated Mind[M]// The Integrated Mind. Boston: Springer, 1978: 1-7.
[2] 图片来源同上。

结果如下：

首先，裂脑人的右手挑出了一张有小鸡的卡片。用右手的小鸡对应左脑里的鸡爪，这当然很合理。然后，裂脑人的左手挑出了一张有铲子的卡片。左手的铲子对应右脑里的雪景——铲子用来铲雪，这个选择也很合理。

但裂脑人接下来的反应就非常怪异了。研究人员问裂脑人为什么选了铲子。请注意，人的语言能力几乎完全集中在左脑，所以思考这个问题并作出回答的是左脑。但裂脑人的左脑里只有小鸡的信息，并不知道其他的。也就是说，他的左脑根本就不知道自己的左手选择铲子的理由，因为铲子其实是看到了雪景的右脑挑选出来的（大脑对身体实行交叉控制，因此左手由右脑控制）。

那么，裂脑人的左脑既然不知道自己为什么会选铲子，它会怎么反应，它是会愣住吗？令人诧异的是，裂脑人的左脑居然完全不会卡壳，实际上，它会毫不犹豫地立刻给出一个理由，比如裂脑人会回答："噢，很简单。鸡爪属于小鸡，因此你需要用铲子来打扫小鸡的排泄物。"也就是说，大脑的右半球本来是基于雪景进行了选择，而不明就里的左半球会马上捏造另一个理由来解释选择的原因。

加扎尼加和他的同事重复了大量实验，反复观察到类似现象[1]。比如，如果给裂脑人的右脑发出指令，命令他站起来行走，然后问

---

[1] 加扎尼加关于裂脑人的多项研究，参见：加扎尼加. 双脑记：认知神经科学之父加扎尼加自传［M］. 北京联合出版公司，2016.

他："你为什么要起来走路？"裂脑人的左脑就会立即捏造一个答案，他可能会说："我想去喝点水。"关键是，这些人并不是在撒谎，他们给出这些理由时完全是自然而然的，他们真的是相信自己是要去喝水。

根据这一系列实验结果，加扎尼加等人提出一个发人深省的观点[1]。他们认为，左脑的一个重要功能其实是充当"解释者"，它负责观察身体的动作和行为，并对这些行为自圆其说。而且，哪怕它并不知道行动的真实理由，也会强行编造一个。左脑就好像是有"给个理由"强迫症一样，不允许理由缺位的情况发生。

根据这一系列实验结果，有科学家推测，这种事后编造理由的冲动并不是裂脑人专属的，普通人的大脑也是这样运作的。至少在某些时候，一个正常人也是通过观察自己的行为，才从中推断出自己的态度和情感的[2]。

这个观点相当反直觉——我们不是先有了一个行动的理由，然后再去行动，有的时候可能是反过来的。我们可能先因为另外某个莫名其妙的原因有了一个行动，然后再编个理由来自圆其说。如果这个推论成立，它就意味着我们可能并没有所谓的"自由意志"，我们感觉到的自由意志，其实只不过是对已经做出的行为的一种事后追认。

---

[1] 加扎尼加. 谁说了算？：自由意志的心理学解读［M］. 杭州：浙江人民出版社，2013：67-96.
[2] 伊格曼. 隐藏的自我：大脑的秘密生活［M］. 长沙：湖南科学技术出版社，2013：111.

那么，大脑为什么要这么做？它为什么非要给自己的行动编造出一个理由，不允许理由缺位呢？

从进化的角度来看，大脑渴望挖掘理由这种本能是有适应价值的，它对祖先的生存繁衍有利。我们的祖先生活在一个险恶的世界里，随时面临各种生存威胁，如果他们挖掘出身边各种事件发生的理由，总结出它们的模式和规律，就可以依据这些模式和规律顺势而为，躲避威胁，抓住机遇。因此，那些善于挖掘理由、发现规律、总结模式的头脑受到进化的青睐。能从打雷这个信号中提炼出规律、推断出马上就要下雨的人，肯定比认为打雷是随机的、听到雷声还要出去"浪"的人活得更久。于是，热爱挖掘理由、寻找规律、总结模式这种心理，就演化成了人的一种本能[1]。

也许就是在这种进化压力下，人类演变成了渴望理由的"强迫症"患者，我们不允许理由缺位，渴望发现模式和规律。

案例2：火星上的人脸

大脑渴望理由的表现多种多样。我们既会为自己的行为寻找合理的理由（裂脑人的案例），也会为观察到的各种外部事件寻找理由。其中一个有趣的表现是：人们非常不愿意相信随机与巧合。

1976年，美国火星探测器"海盗1号"在火星轨道上拍摄到的一张

---

[1] Shermer M. Patternicity: Finding Meaningful Patterns in Meaningless Noise[J]. Scientific American, 2008, 299 (5): 48.

照片轰动了全世界，见图4-4。

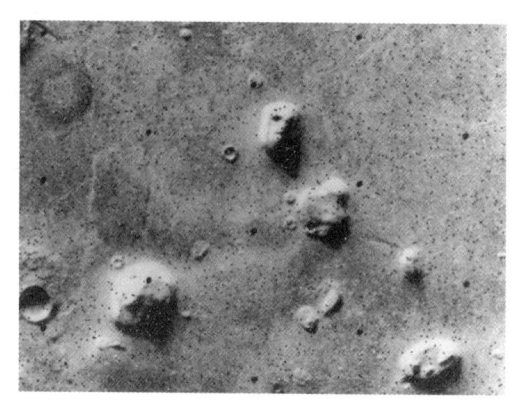

图4-4 "火星脸"[1]

你在照片上看到了什么？是不是看到了一张人脸？火星上居然有一座山丘被雕刻成了人脸！他是谁，是不是火星文明的某个帝王或者伟人？火星人为什么要纪念他？——这些念头是不是一下子就钻进了你的脑海？你已经迫不及待地为"人脸山"的存在寻找解释了。

但你有没有想过，这张图片上的火星山丘看着像是人脸，可能只是巧合而已？毕竟火星是一颗不小的行星，山丘何止成千上万，其中有那么一两座轮廓偶然像是人脸，也不是什么怪事。但在当时，全世界很少有人愿意相信这只是个巧合，各种阴谋论随着这张照片的公开而风行一时，各种关于火星人的理论一度风靡世界。

事实上，这张"火星脸"的出现的确就是个巧合而已。2006年9

---

[1] 图片来源：http://www.msss.com/mars_images/moc/extended_may2001/face/1976pio.html。

月，欧洲的火星探测卫星"火星快车号"对"火星脸"重新拍照并建模，结果发现它只不过是一座普通的山丘，只是凑巧从天空看它时，在适当的光影配合下有几分像人脸而已（如图4-5）。

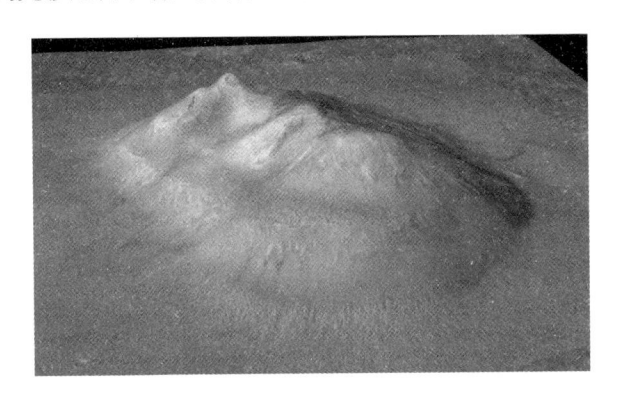

图4-5 "火星快车号"对"火星脸"的建模[1]

在那之前的几十年里，很多人直接忽略了"火星脸"只是偶然发生的巧合这种可能性。我们之所以不愿意接受随机和巧合，是因为这意味着事件的发生根本就是"事出无因"的，这与人们"事出必有因"的信念严重矛盾。

不相信随机与巧合的这种心理，可能还是宗教产生的根源。打雷之后就要下雨，这是很容易总结出来的规律；但雷在什么时候会把什么样的人劈死，几乎是随机事件；什么时候发洪水，什么时候下冰雹，这些自然现象的发生规律都很难捉摸，在古人眼里近乎随机。

---

[1] 图片来源：http://www.skepdic.com/faceonmars.html。

祖先们需要为这些看起来随机的事件找到可靠的规律，于是最后找到了一种最简单的解决方案——相信"万物有灵"。如果风雨雷电、江河湖海都像人，都有人的感情意志，那一切就都好理解了。为什么雷要把人劈死？因为"雷公不高兴"——这样想就好办了。只要拜一拜雷公，让他高兴起来，问题似乎就解决了，人们也就心安理得了。这种万物有灵的观念，很可能是宗教最早的雏形[1]。

引申：阿斯佩格综合征人群——超级理由挖掘者

这里我们还可以做一个引申。虽然挖掘理由是每个人都拥有的本能，但这种本能存在个体差异。实际上，人群里有一定比例是"超级理由挖掘者"，那就是阿斯佩格综合征（Asperger syndrome）人群。阿斯佩格综合征可以简单理解为一种轻度的自闭症。自闭症患者通常有明显的语言和认知能力障碍，但阿斯佩格综合征患者的语言、认知能力和智力都正常，只不过在行为刻板、不擅社交方面与自闭症非常相似。

美剧《生活大爆炸》里的"谢耳朵"（Sheldon）就是典型的阿斯佩格综合征患者。这类患者的大脑对规律和模式格外敏感，他们喜欢寻找规律和模式，也特别擅长这一点[2]。"谢耳朵"最大的爱好是

---

[1] 林燕，张群．试从万物有灵论看宗教的起源与发展［J］．科学与无神论，2009（1）：31-35．
[2] 西蒙·拜伦-科恩．自闭症钟爱硅谷［J］．环球科学，2013（1）：46-49．

收集火车模型。而他爱火车，可能就是因为火车的运行必须遵照时刻表，沿着特定的路线以特定的速度前进，其中的规律和模式清晰可循。"谢耳朵"在他的物理学研究里总能轻易发现数据和公式背后的规律，大概就是拜这种善于挖掘事物背后规律的能力所赐。

社会中有哪些人是以挖掘理由、发现规律和模式为己任的？科学家和工程师。事实上，科学和工程领域往往是一些阿斯佩格综合征患者和有自闭症倾向的人大施拳脚的地方。自闭症研究专家西蒙·拜伦-科恩（Simon Baron-Cohen）做过调查，发现牛津大学和剑桥大学的理工类学科里，有自闭倾向的学生比例远远高于人文学科[1]。他的团队同样发现，在硅谷工程师的家庭里，有自闭症儿童的比例远远高于普通人群[2]。程度严重的自闭症伴随着智力异常的情况，但程度较轻的自闭症倾向（以及阿斯佩格综合征）却有可能赋予一个人高于常人的模式发现能力，这可真是福祸相依。

启发与应用：没有坏性格，只有不适合的环境

阿斯佩格综合征/自闭倾向其实也是一种人格倾向。如果把这种自闭倾向当作一种人格来看待，那它在很多人眼里毫无疑问是一种"坏性格"——自闭、不善社交看起来毫无疑问是一种性格缺陷。但上面提到的相关研究却给我们一个启发：没有哪种人格倾向是绝对意义上

---

[1] 田代. 社交尴尬症［M］. 北京：中国友谊出版公司，2018：221-247.
[2] 西蒙·拜伦-科恩. 自闭症钟爱硅谷［J］. 环球科学，2013（1）：46-49.

的坏性格，只有不适合这种人格倾向发挥特长的环境。阿斯佩格综合征患者在社交场合尴尬不断，但在工程和科学领域却风生水起。

有些人努力改变性格以适应环境，有些人努力寻找最适合自己发挥特长的环境，两条人生路径都值得尊敬。

扩展阅读

迈克尔·加扎尼加，《谁说了算？：自由意志的心理学解读》，浙江人民出版社，2013年

推荐理由：神经科学家加扎尼加在这本书里介绍了很多裂脑人匪夷所思的行为反应，书中对"自由意志"问题的探讨也发人深省。

原理15 不求甚解
——人类倾向做不充分的推理

上一节我们提到，人类有点像侦探，总是想方设法要找出事件背后的原因，挖掘规律和模式。不过可千万别以为我们人人都是福尔摩斯，实际上，就算我们是侦探，也更像是老是犯迷糊的"糊涂侦探"，而不是福尔摩斯这样的"精明侦探"。我们的确有推理能力，但是这种能力往往发挥得很不充分。

在侦破案件时，我们这个"糊涂侦探"不爱像福尔摩斯那样分析所有的可能性，靠充分的推理锁定真凶，反而经常是凭着一点点不到位的推理，找到一个我们自以为是凶手的人便罢手。

我们倾向做不充分的推理，能省力就省力，能偷懒就偷懒，"不求甚解"。不妨用下面这个思考题感受一下这一点，请看下题：

大柱正看着翠花,而翠花正看着铁蛋。现在已知:大柱已婚,铁蛋未婚。

请问:是否有一位已婚人士正在看着一位未婚人士?

A. 是

B. 不是

C. 无法确定

在一项研究里[1],超过80%的人对这个问题给出的答案都是错的——他们都选了"C.无法确定",而正确答案应该是"A.是"。

如果你不巧也选了"C.无法确定",那么你的推理过程八成是这样的:题目里没有说明翠花的婚姻状况,所以信息不足,无法确定——推理完毕。

这其实就是典型的"不求甚解"了。如果我们认认真真地把翠花已婚和未婚这两种情况分别做一番推理,我们就会发现,无论翠花是否已婚,都一定有一位已婚人士正在看一位未婚人士——这才是完整的推理过程。照理说这也不难,但实际上很少有人会做这种完整的推理。

---

[1] Toplak M E, Stanovich K E. The Domain Specificity and Generality of Disjunctive Reasoning: Searching for a Generalizable Critical Thinking Skill[J]. Journal of Educational Psychology, 2002, 94(1): 197.

> **不求甚解**
>
> 人类是"认知吝啬鬼",为节省时间、精力等成本,倾向做不充分的推理,经过简单思考得出一个基本满意的答案后,就终止推理过程。

我们为何不求甚解

为什么人们倾向于做不充分的推理?为什么我们会是不求甚解的"糊涂侦探",而不是爱做充分推理的"精明侦探"?答案是:做个"精明侦探"太累,也太不经济了。

太累,是因为做充分、完整、深思熟虑的推理很耗能。人类大脑重量只占全身重量的2%,但即便是休息时,它所消耗的能量也占人体总耗能的20%,可以说是身体里的"能耗大户"。在食物唾手可得的今天,我们或许可以随时补充高强度用脑带来的能量损耗,但对于那些时常处在能量短缺状况里的祖先来说,动脑其实是一个相当大的负担。如果要对所有的外部刺激都做精细思考和充分推理,那根本就不是摄取到的有限能量可以负担得起的。

所以,大脑处理信息的形式就演化成了心理学家所说的"**认知吝啬鬼**"(cognitive miser)模式:在理解世界时,我们就好像是脑力的守财奴,守着自己银行账户里不多的余额,能少花一点就少花一点。

这是我们不做"精明侦探"的第一个原因。

第二个原因更容易理解，做"精明侦探"很多时候不经济——时间成本上的不经济。对本节开头的那道思考题，肤浅的推理要花多少时间，完整的推理又要花多少时间？后者显然远远超过前者。在那道题的情况下，花时间做完整充分的推理的确是值得的，因为只有这样才能得出正确答案，但是下面的案例也会让我们看到，在有些情况下，不求甚解的肤浅推理其实能得出大差不差的结论。在那些情况下，不求甚解的性价比其实是更高的，我们何乐而不为呢？

在时间和精力上都不经济，这就是我们不做"精明侦探"而宁愿做"糊涂侦探"的主要原因。明白了当"糊涂侦探"的原因，我们再用一些案例来看看"糊涂侦探"有哪些具体表现。

案例1：利用容易收集到的信息来推理

不充分推理的第一种典型表现是，我们爱利用脑海中容易收集到的信息来推理。更容易想起什么，我们就依据它来分析问题，以躲过搜肠刮肚搜寻各种有用信息的费力工作。这是不求甚解的一个好办法，这种推理方式叫作**可得性启发法**（availability heuristic）。

下面是可得性启发法的经典案例：

你朋友开车30千米送你到机场，为你这段行程1200千米的飞行旅行送行。在你登机前，他大概会跟你说声"一路平安"，言下之意似乎是担心飞机可能会出事故。可实际上，你朋友开车返回时出车祸的可能性，是你这段旅程的三倍[1]。机场送别时，应该是你反过来对朋友说"谢谢你冒着生命危险来送我坐飞机"才对。我们很少听说坐车恐惧症，而有飞行恐惧症的人则不少，尽管实际上坐车比坐飞机危险得多。

人们之所以普遍得出错误印象，是因为但凡世界上任何一个角落有空难，媒体必定连篇累牍地报道，而那些天天都在发生的车祸却往往只是报纸或电视屏幕上一个一闪而过的统计数据而已。这导致我们在脑中评估坐飞机和坐车的安全性时，那些飞机失事的报道比车祸的报道更容易在脑海中浮现，于是我们就以为飞机失事的概率更高。

这个例子里，我们就是根据信息收集的容易程度来分析问题，然后得出一个不求甚解的结论的。

案例2：把群体标签化

不充分推理的第二种典型表现是我们常听说的**刻板印象**（stereotype）。

每个人都有自己独特的个性，人与人之间的差异很大。这个道理说起来谁都懂，可实际上未必会这么想，我们很喜欢把一些标签贴到一个群体中的所有人身上，而不考虑群体成员之间实际存在差异。这就是刻板印象。

刻板印象几乎无处不在，比如种族刻板印象（例如认定黑人没

---

[1] Kida T. 误区：思维中常犯的6个基本错误［M］. 北京：人民邮电出版社，2011：171.

教养、暴力）、性别刻板印象（例如认定女性比男人更细腻、更友好，但也更软弱）、地域刻板印象（例如认定北方人粗犷、南方人小气）等。

刻板印象显然也是一种不充分推理。只要把出现在眼前的陌生人归入某一个人群，我们就可以把（以前就已经形成的）对这个群体的笼统看法套用在这个人身上，以此确定与对方打交道的策略。这就简化了认知过程，节省了大量对这个具体的陌生人做精细观察所要花费的时间和精力。我出门遛狗时就经常被人用刻板印象"关照"，不止一次被不养狗的人批评，说"这些养狗的人"没有公德，狗狗拉的便便都不清理。但实际上我简直就是模范养狗户，遛狗时几乎没有一次不清理狗的粪便。但我也完全可以理解那些劈头盖脸上来就开骂的人，他们哪来那么多的精力分辨哪些养狗的人有公德，哪些没有。在他们的刻板印象里，养狗的人都是一样的。对他们来说，对所有养狗者一律横眉冷对才最经济。

刻板印象对于我们那些生活在原始部落里的祖先来说可能非常有用。其他部落的人可能在衣着、口音、相貌这些特征上跟本部落有明显区别，所以在进行敌我判断时，只要简单地根据这些显著特征把他人归入某个部落，就可以迅速采取应对措施。虽然也有可能误判，但总体上，这种简单粗暴的贴标签行为是能够帮祖先趋利避害、增加生存机会的。

其实哪怕在今天，很多刻板印象也是对的。比如说，世界上大多数暴力行为是年轻男性犯下的[1]。所以，如果你深夜独自走在黑暗的小巷时，听到身后有脚步声，而脚步声听起来更像是个年轻男性而不是一个老人或女人，那么你完全有理由感到害怕。如果你拔腿就跑，那真的可能会因为"年轻男人更暴力"这个刻板印象救自己一命。就连那个劈头盖脸骂我的人心目中的刻板印象，多数时候其实也是对的，因为附近大部分养狗人士的确不清理狗粪便。他劈头盖脸地骂过去，对方不冤的概率远远超过受冤枉的概率。

尽管如此，刻板印象还是会带来很多负面后果。首先，产生刻板印象的人往往不只是在"一竿子打翻一船人"这一点上偷懒，他们往往还会在为什么会有那种印象方面犯糊涂。比如，很多相信亚裔就是学习成绩好的人，同时也相信那是因为亚裔智力更高——这就不对了。如果把一个白人或者黑人小孩交给一个亚裔的"虎妈""鹰爸"来培养，那他大概率也会成一个学霸。

当然，受刻板印象影响最严重的还是被贴标签的那些群体里的个人。把一个群体的标签贴在每一个具体的人身上，毫无疑问会抹杀人的个性。哪怕是积极的刻板印象，也可能会伤害到群体里的个人。比如在美国，很多人对亚裔有一种刻板印象，觉得亚裔特别能读书，学习成绩特别好。被贴上这种标签之后，学习成绩一般的亚裔学生就会

---

[1] Walker J T, Maddan S. Understanding Statistics for the Social Sciences, Criminal Justice, and Criminology[M]. Burlington: Jones & Bartlett Publishers, 2013.

背负上额外的心理压力。

启发与应用：超越不充分推理

上面这一系列案例让我们清楚地看到，人有不充分推理的倾向，在很多问题上我们不求甚解，通过肤浅、偷懒的推理得出结论后便心满意足。

其中有一点尤其值得我们注意：人们之所以经常使用不求甚解的思维方式，是因为它的高性价比（在花费较少时间精力的前提下，得到大体准确的结论）。所以，如果想要改变人们的思维习惯，让他们在某些问题上形成认真、充分地思考的习惯，最根本的做法就是降低不充分推理的性价比。这往往得靠社会共识的进步来推动。比如说，刻板印象往往会导致各种歧视，而随着反歧视运动的开展，反对刻板印象的观念深入人心，给一个群体贴标签的性价比就会越来越低，最后被大部分人抛弃。

当然，在个人层面上，我们也可以调用一些策略来超越不充分推理。比如说，我们爱用第一印象做判断，即只用最先接触到的少量信息来做判断，忽略掉之后接触的信息，这显然也是一种不求甚解的不充分推理。

那么如何尽量减小第一印象的影响呢？行为经济学家丹尼尔·卡尼曼（Daniel Kahneman）在他的《思考，快与慢》里写了一段他如何批改试卷的故事[1]。一开始卡尼曼按照大部分老师的方式来改卷：先改完学生A的卷子，再改学生B的卷子，以此类推。卡尼曼发现，这种改卷方式非常容易受第一印象的干扰：第一道题回答得好的学生会在老师脑里建立更好的第一印象，导致老师对他后面的答题打分偏高。于是卡尼曼改变了阅卷方式，他先对所有学生的第一题打分，再对所有学生的第二题打分，以此类推，这就在很大程度上削弱了第一印象的影响。

扩展阅读

丹尼尔·卡尼曼，《思考，快与慢》，中信出版社，2011年

推荐理由：诺贝尔经济学奖得主丹尼尔·卡尼曼是不充分推理相关研究的权威，他的研究成果集中呈现于此书中。

---

[1] 卡尼曼. 思考，快与慢 [M]. 北京：中信出版社，2011：63-72.

原理16 无意识、意识串联决策

——两种决策路径如何配合

"无比喻,难言语""事出必有因"和"不求甚解"这几个原理概括了人类思维与推理的几大重要特色,它们所涉及的是大脑处理信息的过程。这一节,我们顺着信息流继续往前走:大脑对信息进行处理之后,要根据信息处理的结果做出判断和决策。我们由此进入了认知范畴的最后一个议题——决策。关于决策,我们聚焦的问题是:无意识决策与意识决策应该如何相互配合?

上一节我们介绍了不充分推理倾向。推理是一个有意识的过程,如果我们基于推理的结果来做判断和决策,那它就是一种**意识决策**。例如,你来到街口物色午餐的去处,左边有一家黄焖鸡米饭,右边有一家沙县小吃,选哪家?你打开手机看餐饮评价应用程序(App),黄焖鸡米饭5星,沙县小吃4星,你觉得按照评分来选择大概率不会"翻车",于是选择了黄焖鸡米饭。"哪家评分高,我就吃哪家",决策的思维过程清晰可见,这是意识决策。

下一回你来到另一个街口,左边是一家"刚果烤饼",右边一家"埃塞俄比亚烤饼",你对非洲料理一无所知,也查不到相关信息,但你隐隐约约产生了一种直觉:右边那家烤饼似乎更可口一些,于是你选择了"埃塞俄比亚烤饼"。这个决策过程是基于直觉产生的,思维过程隐藏在无意识中,这就是另一种决策路径——**无意识决策**。

那么,意识决策和无意识决策,孰优孰劣?

答案是它们各有优势。在大多数情况下,我们应该把它们一起用上,在同一个问题中先后调用意识和无意识两种决策路径,把它们串联在一起共同解决问题,往往才会让决策效果达到最佳。这就是"**无意识、意识串联决策**"原理。

> **无意识、意识串联决策**
>
> 意识决策和无意识决策各有优势。多数情况下,我们应将两种决策路径串联在一起,共同解决问题。串联的原则是:无意识在前,意识在后,但在解决多因素问题时,应是意识在前,无意识在后。

无意识决策与意识决策的优势对比

无意识决策与意识决策各自的优势是什么？我觉得最简单的概括就是：**无意识"只见森林，不见树木"**，所以无意识负责"看森林"；意识正好反过来，**"只见树木，不见森林"**，所以意识负责"看树木"。

无意识擅长的是快速地对事物形成一个整体印象，判断事物的总体趋势。比如说，屏幕上一个画面一闪而过，有些是朝左边的箭头，有些是朝右边的箭头。画面闪过之后，即使你根本没有意识到自己看到了什么，但你的无意识直觉也能迅速产生一个印象，让你感觉到"好像是朝右的箭头更多"，而且这个直觉印象通常是相当准确的[1]。在一瞬间形成整体印象、估计出总体趋势，这就是无意识思维的优势。

但是，无意识的劣势在于它无法进行任何分析推理[2]。比如说，这一回屏幕上还是闪过一个画面，里面还是有朝左、朝右的一些箭头。但这次有人先告诉你"画面上一共有5个箭头"。那么这一次，你就可以用一个简单的推理来帮助自己做判断："我只要看到朝某一边的箭头达到3个，我就知道朝这边的箭头肯定更多，我就不用把所有的箭头都数完了。"但像这样的推理分析只可能在意识层面完成，

---

[1] Yang T, Shadlen M N. Probabilistic Reasoning by Neurons[J]. Nature, 2007, 447 (7148) : 1075–1080.
[2] De Lange F P, Van Gaal S, Lamme V A F, et al. How Awareness Changes the Relative Weights of Evidence During Human Decision-Making[J]. Plos Biology, 2011, 9 (11) : e1001203.

无意识是无法做推理分析的，再简单的推理分析也不能在无意识层面发生。

所以，用无意识做判断，速度快，能在一瞬间准确判断出目标的总体趋势，但是它也很死板，没法调用推理分析来推理问题、转化问题。

而意识正好相反，用意识来做判断，速度相对慢，但它很灵活。因为在意识层面，我们可以运用推理分析能力把问题做各种分解、联想和转化，调用各种策略来解决问题。

只要是做分析推理，就必然是把注意力聚焦在某一个特征或者某一个局部细节上。所以意识总是聚焦的，它盯着一棵"树"仔细看，"只见树木，不见森林"；而无意识是失焦的，它看见的是整片"森林"的大致样貌，"只见森林，不见树木"。

可想而知，对生活里遇到的大部分问题，"树木"的细节和"森林"的轮廓同样重要，所以无意识决策与意识决策理应各自发挥优势，配合使用。

那么具体来说，如何串联无意识决策与意识决策呢？

串联的原则是：在绝大多数情况下，意识要跟在无意识后面，意识负责殿后，负责对无意识产生的直觉进行审核，做最后的拍板。但有一类情况例外，当我们要解决的是"多因素问题"时，顺序就该反过来——意识在前，无意识在后，最后交给无意识来拍板。

我们先来看多因素问题这种特例。

多因素问题：意识在前，无意识在后

多因素问题是指涉及的因素特别多、需要综合考虑多种因素的影响之后才能做出决策的那类问题。比如，你现在正准备买车，打算从4个汽车品牌里选择，而每个品牌都要考虑多个特征（价格、安全性、品质、保值率、外观等）。这就意味着，你要面对一个4×n的矩阵来决定最后买哪一款车。这就是一个多因素问题。

荷兰心理学家阿普·狄克思特修斯（Ap Dijksterhuis）曾利用这些材料做过一个著名的实验[1]。在实验中，有一组受试者只能在有限的时间里快速浏览一遍4个汽车品牌的所有特征，接着他们要做一点分心任务（避免意识参与思考）。分心任务结束后，他们得凭直觉，"拍脑门"决定买哪辆车（使用无意识决策）。而另一组受试者可以看着一张4×12（12个特征）的表格慢慢比较和琢磨，根据意识思考的结果来做决策（使用意识决策）。

实验结果是，凭直觉做决策的那一组受试者的决定更合理，他们选中了实际上综合价值更高的车。也就是说，面对这种多因素问题，无意识决策比意识决策更有优势。为什么？

如前所述，无意识决策的特点是僵硬、缺乏策略，而这也就意味着无意识会对感官获取的各种信息一视同仁。无意识会无差别地记录表格

---

[1] Dijksterhuis A. Think Different: The Merits of Unconscious Thought in Preference Development and Decision Making[J]. Journal of Personality and Social Psychology, 2004, 87（5）: 586.

里的每一个特征，形成一个大致的印象，然后根据这个总体印象来做决定。无意识的眼里只有整片森林，它不会特别关照森林里的某几棵树。

而多因素问题恰恰需要我们把整片森林纳入眼中，把所有因素都考虑在内：想要买到综合价值最高的车，就得把那个4×12矩阵中所有的信息都纳入考虑。意识思考的优势——灵活性，在这里反而出了问题。有意识的思维是聚焦的，它只能逐个分析被它关注的个别信息，在这个过程里，意识很难对所有信息一视同仁，我们很容易过度聚焦某几条信息，以为它们很重要。意识只能盯着某一棵树看，所以容易顾此失彼。这就是为什么在解决这种多因素问题时，灵活的意识决策反而败给了僵硬的无意识决策。

不过，意识决策在这种场合并非毫无用武之地。面对多因素问题时，意识的作用是做"预筛选"。比如针对汽车的多个特征，安全性可能是我们特别看中的，那么我们就应该把安全性较差的品牌先排除掉，然后再参考上文提到的实验流程来用无意识决策。

所以对现实中的多因素问题，我们的最佳决策路径是——**意识在前，无意识在后**。

其他问题：无意识在前，意识在后

除了多因素问题这个特例，在剩下的多数情况下，顺序就得倒转了，要变成**无意识在前，意识在后**。也就说，**在绝大多数情况下，我们要尽可能对直觉冲动做一点有意识的反思**。当你产生无意识的直觉冲动时，脑子里要有一根弦，告诉自己缓一缓，别急着下决定，而是要让自己的意识介入，反思一下到底该做什么。

为什么要尽可能让意识介入呢？因为无意识的直觉太容易犯错了。直觉产生之后的意识思考是一种非常重要的审核机制，它可以为我们识别出直觉中的错误。

来看几个案例。

直觉犯错的第一种常见情况是：由直觉产生的行动往往不计算代价。由无意识产生的直觉很刻板，它无法容纳任何推理分析，也就没有能力考虑行动的前因后果。

> 比如说，在等地铁时，你遇到这两种情况：
> 1．不小心把钱包掉到了铁轨上
> 2．看见一个人掉到了铁轨上

面对这两种情形，你的直觉反应可能都是跳下铁轨。看见钱包掉在铁轨上，你直觉地想跳下去捡钱包，这是因为你有损失厌恶（loss aversion）的本能，获得一些东西虽然会让我们高兴，但同等程度的损失会让我们不成比例地感到难受[1]。所以，人们总是会竭力避免损

---

[1] Kahneman D, Tversky A. Prospect Theory: An Analysis of Decision Under Risk[M]//Handbook of the Fundamentals of Financial Decision Making. Singapore: World Scientific, 2013: 99–127.

失，于是你不假思索地想要跳下站台，把钱包捡回来。

当你看见一个人掉到铁轨上时，你也会直觉地想跳下去。这是因为你有恻隐之心，本能地想要帮助同类。这也是一种强大的本能，于是你会不假思索地想跳下站台救人。

但是，跳下铁轨救人很可能是值得的，跳下去捡钱包却绝对不值得。只有救人，才有可能跟跳下站台的代价匹配。这种价值判断是意识思考的结果，你的直觉则都是想要跳下去。总之，直觉是不顾行动代价的，所以你得用意识来殿后，提醒自己：行动的代价到底是什么？

直觉出错的第二种常见的情况是：潜意识里的各种欲望会影响直觉，所以你得小心那些你正在渴望着的事物。

最典型的一个例子是，求偶和繁殖的欲望经常会影响直觉判断。如果直接问美国的女大学生支不支持一种能增加患心脏病风险的减肥药上市，得到的回答大多是"不支持"。但如果先让她们在约会网站上评估许多长得有吸引力的男士照片之后再问她们对这款减肥药的态度，她们就会觉得减肥药有点负面影响也没什么[1]。

除了求偶或繁殖的动机，食欲这种本能欲望也很容易影响直觉。比如说，肚子饿的时候，凭直觉做出的道德判断会变得更加苛刻。假

---

[1] Hill S E, Durante K M. Courtship, Competition, and the Pursuit of Attractiveness: Mating Goals Facilitate Health-Related Risk Taking and Strategic Risk Suppression in Women[J]. Personality and Social Psychology Bulletin, 2011, 37（3）：383-394.

释官在午饭前的那段时间里，会倾向不批准假释[1]。肚子饿的时候，我们还会买更多的东西，感觉缺乏食物会激发我们的囤积欲[2]。

直觉很容易被这些基本欲望影响。这给我们的启发是：当你感觉到自己的行为有点反常的时候，脑子里要有这样一根弦，提醒自己是不是有什么基本欲望没被满足。比如："我忽然这么暴躁，可能并不是身边的人真的惹到我了，会不会只是因为我累了，我饿了？"

即便没有觉得自己的行为不对劲，我们也应该做这种反思。那些因为肚子饿而对犯人更严厉的假释官，并没有意识到自己不对劲。或者，做一些重大决策前，我们最好先满足一下各种生理欲望，在酒足饭饱的情况下做决策，我们的决定就不容易受到跟当前目标无关的基本欲望的干扰。

总之，在绝大多数情况下，不要轻易相信直觉做出的判断。我们要调用意识来对直觉冲动做一点反思。

启发与应用：让意识和无意识配合无间

本节列举的这些案例可以说是一份关于综合使用意识和无意识两种决策路径的行动指南——在遇到决策问题时，我们首先要判断问题是否

---

[1] Danziger S, Levav J, Avnaim-Pesso L. Extraneous Factors in Judicial Decisions[J]. Proceedings of the National Academy of Sciences, 2011, 108（17）：6889-6892.
[2] Xu A J, Schwarz N, Wyer Jr R S. Hunger Promotes Acquisition of Nonfood Objects[J]. Proceedings of the National Academy of Sciences, 2015, 112（9）：2688-2692.

属于多因素问题,如果是,就应该先调用意识对方案进行一次预筛选,然后尽可能排除意识干扰,让直觉拍板做决定。而在其他情况下,我们要让意识殿后,用意识审查直觉,找出隐藏在直觉判断中的错误。

扩展阅读

约翰·巴奇,《隐藏的意识:潜意识如何影响我们的思想与行为》,中信出版社,2018年

推荐理由:美国心理学家约翰·巴奇在此书中对如何利用好意识与无意识,提出了很多有益的见解。

第五章

情绪、道德与意志

原理17 情绪是行动的总指挥
——感知、决策、记忆如何与情绪绑定

说完"冷冰冰"的认知,我们接着看"热乎乎"的情绪。这一章我们进入情绪这个主题,来看情绪有哪些功能,它是如何形成的,以及它与道德、意志有何关联。我们从情绪的功能说起。

情绪有对内(针对自身行为)和对外(针对社会互动)两大核心功能。这一节,我们先讨论前者。情绪对内的核心功能可以用**"情绪是行动的总指挥"**这一原理来归纳。情绪是行动的总指挥,指的是我们做出的各种决策和行动,其实都是依据情绪提供的两种关键信息做出的,如果没有情绪提供的这两种关键信息,人的决策和行动能力就会瘫痪。

情绪为决策和行动提供了两种关键信息:

目标对自己有利还是有害；
利益和危害是大还是小。

首先，情绪有方向。有正面的、让人感觉愉快的积极情绪，也有负面的、让人感觉不愉快的消极情绪，科学家把情绪的正负方向称为**效价**（valence）。效价表示的是目标事物对我们的生存繁衍有利还是有害：鸟叫声引起正面的愉悦情绪，因为它通常是环境安全的信号[1]；蛇的形象引起负面的恐惧情绪，是因为它通常很致命[2]。

除了方向，情绪还有强弱之分。有的情绪相对平静，有的相对激烈。科学家把情绪的强度称为**唤醒度**（arousal）。比较平静的属于"低唤醒度"，比较激烈的属于"高唤醒度"。唤醒度表示的是利益或者危害的大小：一条狗和一只老虎朝我们扑过来，可能都会引起我们的恐惧情绪，但老虎对我们的生存威胁更大，相应地，我们被老虎诱发的恐惧情绪比狗诱发的强烈得多。老虎诱发的情绪唤醒度更高。而更高水平的唤醒度，会在接下来引发更激烈的行动。狗扑过来时，我们可能只是侧身躲一下；老虎扑过来时，我们会连滚带爬地逃走。

情绪的正负方向告诉我们，目标对自己是有利还是有害；情绪的

---

[1] Christopher I. Why You Should Listen to the Songs of Birds[EB/OL]. [2020-08-04]. https://medium.com/illumination/why-you-should-listen-to-the-songs-of-birds-cb3697e7ffa6.
[2] Lobue V, Deloache J S. Detecting the Snake in the Grass: Attention to Fear-Relevant Stimuli by Adults and Young Children[J]. Psychological Science, 2008, 19（3）: 284-289.

强度告诉我们利害关系的大小。有了这两种信息，人们就可以针对目标采取最恰当的决策和行动了。引发积极情绪的，我们得亲近它、争取它；引起负面情绪的，我们得提防它、远离它。情绪越激烈，我们的反应也越剧烈。

情绪就是这样指挥我们的决策和行动的。这就是"情绪是行动的总指挥"这个原理的内涵。

> **情绪是行动的总指挥**
>
> 我们做出的各种决策和行动其实都是依据情绪的效价和唤醒度做出的。效价与唤醒度分别提供了目标与自身的利害关系，以及利害程度的大小这两种关键信息，如果没有情绪提供的这两种关键信息，人的决策和行动能力就会瘫痪。
>
> 情绪与感觉、决策、记忆等心理系统深度绑定。如此，情绪才可以在第一时间评定目标与自己的利害关系，指挥行动。

情绪既然要负责指挥行为，那么情绪就得跟心智中的各种系统紧密贴合在一起。只有跟心智里的其他一些关键系统深度绑定，情绪才可以在第一时间评定目标的利害关系。所以，情绪最关键的一个特点也就呼之欲出了，那就是：它与感觉、思考、决策、记忆等其他的各个心理系统都深度绑定在一起。情绪可以说是深度嵌入到心智的每一个角落里的。来看一些案例。

情绪与感觉的绑定

先来看情绪与感觉系统的绑定。

我们体验到的各种感觉都是掺杂着一定的情绪的，几乎没有什么"纯粹的""不夹杂任何情感"的感觉。感觉与情绪之间的绑定有时显而易见：雨后看见一道彩虹，我们很清晰地感受到内心被愉悦感包裹。但在有些时候，感觉与情绪之间的绑定很难被察觉：比如我们瞥见墙角放着一把扫把时，似乎完全心如止水。不过有心理学家通过实验发现：其实我们无论看到什么事物，或多或少都对它有一个要么正、要么负的情绪评价[1]。比如说，要求一个人将"扫把"与一些积极的词语归为一类时，他的反应可能会比要求把"扫把"与消极词语汇归为一类时更快。这就说明，对此人来说，"扫把"这个词附带着一点积极含义。尽管毫无察觉，但在无意识中，我们其实早就为各种物体打上了"情绪标签"。

从神经连接的角度来看，一个外部刺激通常并不会只激活大脑里的感觉皮层，而总是会在激活感觉皮层的同时，激活一些与情绪有

---

[1] Bargh J A, Chaiken S, Govender R, et al. The Generality of the Automatic Attitude Activation Effect[J]. Journal of Personality and Social Psychology, 1992, 62（6）: 893.

关的脑区。我们以大脑对视觉信号的处理为例[1]。当眼睛看到一个物体时，视觉信息先是随着神经冲动，从视网膜传递到大脑的初级视觉皮层。到达初级视觉皮层之后，这些信息兵分两路，分别沿着不同的神经通路继续传导。其中一部分信息被传递到顶叶区域，这里负责处理物体的方位、深度以及运动轨迹，也就是处理那些"在哪里"的信息；另一路信息被传递到颞叶的一系列区域，这里负责处理"是什么"的信息。

有趣的是，在"是什么"通路的最末端，有一部分信息会被传递到杏仁核——这里是大脑里的情绪中心，是很多基本情绪反应的发源地。也就是说，在大脑里，感觉与情绪之间存在着"硬连接"，一个视觉信号能够直接激活大脑的情绪中心。

只不过很多时候，我们都意识不到感觉和情感的这种深度绑定。在主观上，它们自然而然就是一体的，我们不会仔细区分哪些体验是感觉，哪些是情绪。但是在一些特殊情况下，如果感觉与情感之间的绑定被意外切断，人们的主观体验就会变得非常古怪。

比如说，有一种非常奇特的神经系统疾病叫作**卡普格拉综合征**（capgras syndrome），也叫"替身综合征"[2]。得了卡普格拉综合征的人会一口咬定自己身边的朋友、伴侣、父母都是有人冒名顶替。他们认

---

[1] Sagi D, Julesz B. "Where" and "What" in Vision[J]. Science, 1985, 228 (4704): 1217-1219.
[2] Signer S F. Capgras' Syndrome: The Delusion of Substitution[J]. The Journal of Clinical Psychiatry, 1987.

为，这些人已经被其他什么东西替代了（比如，机器人或外星人）。

为什么这些人明明能认出家人朋友的样子，却不相信他们是真人呢？目前神经科学家给出的最合理推测是，这是因为他们大脑中的某种病变正好切断了视觉通路中的"是什么"通路与情感中心（杏仁核）之间的信息传递[1]。感觉与情感被相互隔离了。因此，他们虽然能辨认出家人和朋友，却完全无法激活与他们的情感联系，于是觉得他们是假冒的。

从这种奇特的病症反推回正常人的日常活动，我们就会意识到：在一个正常人的体验里，感觉与情绪是自然而然地混合在一起的，而且只有这种混合在一起的体验才是正常的体验。

那么，为什么感觉与情绪在大脑里要深度绑定呢？这正是因为情绪是行动的总指挥。如果情绪与感觉深度绑定，我们就能在感知到危险或机会的第一时间激活情绪，做出趋利避害的反应。比如说，当一个物体很快地在视野里放大的时候（这表示你快要撞上它了），这个视觉信号会直接激活杏仁核，让你立即产生恐惧的情绪，指挥你做出躲避动作。

我们的思维是没有办法做出如此迅速的反应的。思维做出的判断可能会更加稳妥，但它的速度很慢。而与感觉系统直接绑定的情绪激发的下意识行动虽然未必准确，却十分迅速。在关键时刻，这能保

---

[1] 林登. 进化的大脑：赋予我们爱情、记忆和美梦 [M]. 上海：上海科学技术出版社，2009：79-80.

命。这就是情绪与感觉深度绑定的价值所在。

我们也在刚才的例子里看到,情绪有时候会绕过有意识的思考,直接决定行动。但更多的时候,情绪也是与有意识的思维过程和决策过程紧密地绑定在一起的。下面我们就来看看情绪与决策系统的绑定。

情绪与决策系统的绑定

神经科学家安东尼奥·达马西奥(Antonio Damasio)在他的很多讲座和书里都反复强调一个观点:情绪在人的理性思考中发挥着关键作用,失去情绪加持的人几乎不可能进行任何恰当的推理决策。换句话说,没有感性,就根本不会有理性[1]。

达马西奥曾经研究过一个叫艾略特的病人[2]。这位病人在摘除脑部良性肿瘤的手术中失去了大脑皮层的一小部分。在手术之前,艾略特是公司高管,工作能力强,事业有成,家庭幸福。但在手术之后,艾略特几乎失去了一切,因为他没有办法做任何决策。这倒不是因为他的智力受损——艾略特仍然能在智力测试里拿到高分。他的记忆力也没有任何问题,逻辑分析能力完好无损,可以毫无困难地逐条列举出一个问题所有可能的解决方案。但是,当艾略特盯着眼前这张解决

---

[1] 安东尼奥·R.达马西奥,笛卡尔的错误:情绪、推理和人脑[M].北京:教育科学出版社,2007:125-194.
[2] 安东尼奥·R.达马西奥,笛卡尔的错误:情绪、推理和人脑[M].北京:教育科学出版社,2007:41-56.

方案列表时，却完全无法判断自己到底应该选择哪一个方案。小到决定写报告时使用哪种颜色的笔，大到"做老板交代的工作"还是"一整天待在办公室里按字母顺序整理文件夹"，他都无法判断。

达马西奥发现，艾略特大脑中受损的其实是负责感受情绪的那一部分脑区。艾略特在手术之后最关键的改变就是：他几乎感觉不到喜怒哀乐了，手术把他变成了一个彻底的"冷血动物"。

可是，为什么情绪感受力受损，会导致决策能力的丧失？这是因为，人们其实是依赖眼前每一个选项中包含的情感价值来做决策的。我们怎么判断"做老板要求的工作"更重要，还是"一整天待在办公室里按字母顺序整理文件夹"更重要？判断依据其实是比较到底是工作没按时完成被老板痛骂更难受，还是看见一堆文件夹没有按照字母顺序排列更难受。正常人之所以会选择先把老板交代的工作做完，并不是因为他的**理性**，而是因为他**足够感性**——他能通过想象预感到，被老板骂的难受程度将远远超过文件夹不够整齐的难受程度。

一个人只有在拥有这种情绪感受力时，才能正确做决定。情绪不光用于评估一只老虎和一条狗的威胁哪个更大，实际上，情绪简直就是在评估一切。它标示了我们面前所有选项的轻重缓急，因此情绪是所有决策过程的基石。

可见，情绪与决策系统也是深度绑定的。

情绪与记忆的绑定

最后再来看情绪与记忆的绑定[1]。

情绪有些时候会引发短期行为，比如看见老虎立马逃走。有时候它还会引发一些针对长远目标的反应，让我们更好地记住眼前的经验教训，以便在未来逢凶化吉。也就是说，情绪不但负责指挥当下的行动，它其实也对未来的自己负责。情绪也是与记忆深度绑定在一起的。

前文提到过人类大脑里的神经元突触的数量是天文数字。即便如此，大脑处理信息、存储信息的能力依旧有限。既然有限，就必须取舍。那么取舍的标准是什么？我们一生中有那么多的经历，为什么有一些转眼就忘，有一些却刻骨铭心？

显然，对于那些重要的经历和知识，我们很需要一个信号来提醒自己："这是一个重要的记忆，必须把它牢牢记住。"这个信号就是情绪。我们体验到的各种情绪——恐惧、喜悦、热爱、愤怒、忧伤，都会让相应的那一段经历从平凡的日常生活里凸显出来，变得意义非凡。不妨回忆一下，那些你脑海中最刻骨铭心的经历，是不是都伴随着某种强烈的情绪？

---

[1] Tyng C M, Amin H U, Saad M, et al. The Influences of Emotion on Learning and Memory[J]. Frontiers in Psychology, 2017, 8: 1454.

这些附带着强烈情绪的经历，往往就是我们需要妥善存储的记忆，因为它们很可能会在将来派上用场。比如，恐惧的经历教会我们在未来更好地躲避危险，愤怒的经历教会我们在未来更好地捍卫公平和正义。

从信息处理的起点——感觉——开始，到信息处理的存储——记忆，再到信息处理的终点——决策，在这整个信息处理的链条上，我们都看到了情绪的身影。情绪嵌入心智的各个环节中，评估目标的利害与轻重缓急，指挥我们当下和未来的行动。

启发与应用：感性与理性的均衡

我们平时经常会说，不要被情绪蒙蔽了眼睛，不要让感性淹没了理性。上面这些案例则给我们提供了不一样的启示：所谓不要让感性淹没了理性，其实是指我们要避免在某个事物上附着过度强烈的情绪，因为这会让我们夸大某一个选项、某一段记忆的重要性，因而产生错误的印象，做出错误的决策。这时候，你的确需要冷静一下，想办法削弱极端情绪的影响。但如果走向另一个极端——完全摘除选项和经历中的情绪标记，那我们就会迷失在不同的选项和记忆的汪洋大海里。这当然也不行。

感性和理性、热与冷之间的力量对比，看来还是均衡一点比较好。

扩展阅读

安东尼奥·R. 达马西奥，《笛卡尔的错误：情绪、推理和人脑》，教育科学出版社，2007年

推荐理由：著名神经科学家安东尼奥·达马西奥对情绪与推理决策关系的深刻洞见。

原理18 利用情绪获取社交收益
——情绪可被用来传递信号

上节我们说到,情绪对内(针对自身行动)的核心功能是评估各种目标的利弊,并以此为依据指导人们的思考和行动。这一节,我们来说情绪对外(针对社交互动)的核心功能。

在人与人的社交互动中,情绪扮演的核心角色是一种传递信号的媒介,它能把我们的所思所想等传递给他人。

我们知道,情绪不光只有主观上的体验。伴随着情绪的产生,我们还会做出相应的表情、动作和行为。眉开眼笑、咬牙切齿、面如死灰、怒发冲冠、抓耳挠腮、坐立不安——这些形容情绪的词语,在字面上描写的其实都是人的表情和动作。

这些表情和动作表现都是外在的,可以被周围的人感知到。所以情绪可以被当作一种传递信号的媒介。实际上,我们经常会用情绪来向别人传达我们内心的感受、想法和意志。

> **利用情绪获取社交收益**
>
> 伴随着情绪的产生，我们会做出可以被他人感知到的表情、动作和行为。因此在人际互动中，情绪可以被用作一种传递信号的媒介，把我们的感受、思想、意志传递给他人。通过情绪传递出的信号很多时候都能为我们带来一些社交收益。在这种情况下，情绪看似感性，实则理性。

心理学家发现，人们其实很善于利用情绪中传达的信号来为自己博取社交上的利益。也就是说，情绪虽然表面上是感性的，似乎只是人们在发泄心中的感受而已，但从起到的效果来看，它其实经常是理性的。来看一些案例。

案例1：理性的愤怒

我们先从看似最不理性的愤怒这种情绪说起。在各种情绪里，愤怒可能是离理性最遥远的一种。我们经常说"不要让愤怒蒙蔽了双眼"；说到"冲冠一怒为红颜"的时候，也不是称赞吴三桂与陈圆圆的爱情，而是暗暗指责吴三桂因为愤怒而丧失了理性。

但实际上，在人类进化历程的大部分时间里，愤怒可能都是一种合理的、"值得"的冲动[1]。尤其是对于那些生活在远古的采集-狩猎社会里的祖先来说，愤怒很可能是一种非常有用的情绪。采集-狩猎社会里的祖先大多生活在几十个人组成的小部落里，一辈子几乎只跟这些熟人打交道。在这样一个熟人社会中，如果有人占了你便宜/欺负你，你就必须得做出反击。对欺负你的人报以愤怒的老拳，在这种情境下是非常恰当的生存策略。只要奋起反击，哪怕最后还是打输了也不要紧，因为你向对方和边上的"吃瓜群众"传递了一个重要信号：欺负我是要付出代价的。这个信号比这场冲突本身的输赢更重要，因为它为你在熟人圈中博得了一个"不好惹"的声望，"打得一拳开，免得百拳来"，这种声望会在以后你跟"吃瓜群众"相处时，慢慢显现它的价值。

这样的反击行动就是由愤怒情绪驱动的。所以在一个熟人社会中，愤怒激发的行动大体上能换来正面的社交收益。从这个角度来说，愤怒虽然是一种负面情绪，但它并不是非理性的。通过传递"我不好惹"这样一个信号，愤怒维护了我们的切身利益。这大概就是进化最终在我们身上保留了一遇到不公平待遇就怒发冲冠的本能的原因。

但我们也要意识到，愤怒不是在任何场合都能带来正面收益的，比如"路怒症"。"路怒症"是一种理性的愤怒吗？可能就不算了。

---

[1] 赖特. 洞见：从科学到哲学，打开人类的认知真相[M]. 北京：北京联合出版公司，2020：28-45.

遭遇不文明驾驶行为时，我们躲在自己车里"骂街"，还能起到古代熟人社会的那种效果吗？似乎不能。因为我们基本上一辈子也不可能再见到那个别我们车的司机。如果真把他从车里拽出来揍一顿，又是揍给谁看呢，我们在向谁传递自己不好欺负的信号？毕竟周围那些"吃瓜群众"，我们一个都不认识，他们同样也是我们一辈子不会再遇上的人。身处一个陌生人社会里，揍司机一顿的行为并不能传递任何可能给自己增加正面收益的信号（反而向警察传递了"打人者很危险，得抓起来"这种不利于自己的信号）。

所以，一种情绪是不是理性，不能一概而论，而是要看它是不是向正确的人传递了有利于自己的信号。你当然可以发怒，只要你身边有合适的"吃瓜群众"。这个案例提醒我们，在分析情绪的理性价值时，"吃瓜群众"的视角很关键。有些时候，情绪的理性价值不是在传递给直接面对的人，而是在传递给旁观者的时候显露出来的。

案例2：理性的沉没成本

说完了愤怒这种基本情绪，我们再来看一种比较复杂的心理，那就是对**沉没成本**（sunk cost）的执着。这是一种夹杂着情绪和认知成分的复杂体验。

沉没成本是一个经济学概念，指的是已经实际付出、无法回收的成本。比如你花了1万元买了1只股票，现在已经亏到只剩5000元，那么亏掉的那5000元就可以算作沉没成本。这时候，你发现了另外一只股票，它的走势大概率会比现在这只好，那你会怎么选择呢？

正确的做法是立刻把原来那只亏了钱的股票卖掉换成新的。我们应该完全忽略那5000元沉没成本，只站在当下做决定，既然当下看好新股票的未来走势，就应该买它。

只要稍微调用一点理性思维，这个道理就应该不难想明白。但事实上，大部分人做不到这点。股票如果亏了，人们往往对亏进去的沉没成本念念不忘，非要在这同一只股票上补仓，直到从它身上把钱赚回来才甘心。

这种放不下沉没成本的心态，在生活中非常普遍。一场电影看了头20分钟就知道肯定是大烂片，但很多人还是会坚持到片尾，因为放不下那花出去的电影票钱。但这样一来，不但折进去电影票钱，还折进了宝贵的时间。

那我们为什么那么在意沉没成本呢？传统的解释是：第一，人们面对损失时，负面情绪总是特别夸张，丢100元钱的痛苦远远大于捡到100元的快乐；第二，人类的理性不够充分，没办法把坚守沉没成本和放弃沉没成本的得失计算清楚，于是我们就跟着感觉走，对损失掉的成本念念不忘。按照传统解释，坚守沉没成本其实是一种感性压倒理性的典型表现。

不过，法国心理学家雨果·梅西耶（Hugo Mercier）和丹·斯珀伯（Dan Sperber）对人们放不下沉没成本这种现象提出了一种非常新颖的解释[1]。他们是从"情绪是一种传递信号的媒介"这个角度来重新理解沉没成本的。他们提出，人们之所以这么在意沉没成本，可能是因为当我们跟别人合作时，非常希望给别人留下"可靠"的印象，毕竟人们都喜欢与可靠的人合作。

那怎么表现可靠呢？可靠其实约等于一定程度的顽固。当你面对一笔已经亏损的投资咬牙坚持下去的时候，给人留下的印象就是：你不是一个朝三暮四的人，你是有所坚持的。而这样的人似乎比那些随随便便就放弃一笔投资的人更可靠。

所以，不放弃沉没成本，对沉没成本念念不忘，其实是在向合作者发出一个你很可靠的信号。

如果从这个新颖的角度来看沉溺于沉没成本这种心理，那它也许根本就不是非理性的。对沉没成本念念不忘，的确会给人带来直接的经济损失，但其实它也带来了社交和名誉上的长远利益。当然，在金融投资高度专业化的今天，不放弃沉没成本的行为可能不会被其他的专业投资人解读为一种"可靠"的信号。但别忘了，"今人神似祖先"，在远古，一个不肯放弃投资的"老实人"，是有可能得到周围合作者的青睐的。

从这个新颖的角度出发，在对沉没成本的执着这种情绪中，感性并没有压倒理性，看似非理性的冲动其实也包含着深层的理性。

---

[1] 梅西耶，斯珀伯. 理性之谜［M］. 北京：中信出版社，2018：303-318.

情绪伪装与反伪装的博弈

既然情绪作为一种信号媒介时可以为人们博取利益，那么"情绪骗子"必然粉墨登场：伪装出来的慷慨和友谊可以诱使对方给出慷慨的回报；在其实没有发生损失时，伪装出来的愤怒可能会赢得补偿；假装的悲伤可以引发真实的同情……

但"情绪骗子"其实没有那么好当，因为人们识别情绪真假的能力相当强悍，尤其是利益攸关时。在一项研究中，以色列耶路撒冷希伯来大学的科学家给受试者看一个综艺节目的视频片段[1]。在那个综艺节目里，有一个环节涉及分配奖金，有些参赛选手会通过各种假装的表情、话术和行动来骗其他选手信任自己，然后独吞奖金。也就是说，在这个环节里，选手既可以选择与别人坦诚相待，也可以撒谎。

在实验中，受试者们看完综艺节目之后要在两种情况下推测节目里的选手有没有说谎。第一种情况下，如果推测对了，受试者就会得到一笔现金奖励。另一种情况下，即使推测对了，受试者也没有任何奖励。

请注意，综艺节目中选手的撒谎并不像罪犯试图隐瞒犯罪事实时

---

[1] Hart E. Steal the Show: Payoff Effect on Accuracy of Behavior-Prediction in Real High-Stake Dilemmas[M]. Jerusalem: Hebrew University of Jerusalem, 2010.

的情况。选手不是要隐瞒事实，而是要隐瞒自己的真实情感，装出一些能赢得信任的表情和神态。所以受试者们的任务其实不是测谎，而是分辨哪些人表现出来的情绪是真实的。

结果发现，在有现金奖励的情况下，受试者的判断准确率明显提升。也就是说，在利益攸关的时候，我们更善于分辨一个人的情绪是不是真实的："如果你只是个演员，在我面前演戏，那你的一颦一笑是真是假，我可能就不计较了，说不定还会为你的以假乱真叫好；但如果你要跟我做生意，那可别想轻易蒙我。"

所以，"情感骗子"没有那么好当。那么，如果情绪很难假装，骗子会就此"认怂"吗？并不会。情绪的伪装和反伪装仿佛是一种军备竞赛。生物学家罗伯特·特里弗斯（Robert Trivers）推测，如果一个骗子生活在人人都是活体"谎言检测器"的世界里，那么他的最佳策略就是"我狠起来，连我自己都骗"[1]。

换句话说，当人们试图通过表达某种情绪来获取利益时，他居然真的会产生那种情绪。你可能有过类似的经历：你女朋友叫了外卖，结果超时很久店家还没送出。她催了几次不管用，你觉得女朋友太温和了，笑嘻嘻地对她说："换我来，我让你见识见识怎么催。"你打通了店家的电话，在电话被接通的一刹那，你之前开玩笑的态度不知怎么回事瞬间就消失了，你对着电话越骂越起劲。女朋友一开始还感

---

[1] Trivers R. Deceit and Self-Deception: Fooling Yourself the Better to Fool Others[M]. London: Penguin, 2011.

觉你是在演戏，但越听越不对劲，发觉你是真的生气了，甚至挂掉电话之后，她还能听见你在嘟嘟囔囔地骂脏话。也就是说，一开始你只是想假装生气讨个公道，但一旦付诸行动，你就会真的动怒。

为了对抗他人识别伪装情绪的火眼金睛，我们居然真的可以让自己产生那种情绪。这就是"情感骗子"的绝活。

以上就是情绪的伪装与反伪装之间的博弈，双方各有绝活，互有胜负。

启发与应用：醉翁之意不在酒

伴随着情绪的产生，人们会做出相应的表情、动作等可以被他人感知的外在表现，因此就像古代战争中用来传递信号的烽火台，情绪也可以被用作信息传递的媒介。情绪看似感性，但实际上我们却能在用情绪传达信号的过程中达到理性的目标。从这个意义上来说，情绪其实是理性的。

这个原理提示我们：正如看见烽火台上的狼烟烧起来时，我们不能简单地认为那是烽火台失火了，同样地，在看到一个人表达情绪的时候，我们也不能单纯关注情绪本身（对方是在开心还是发怒，程度是否激烈），还应该想一想对方通过情绪想要传递的信息是什么。人们传递情绪时往往"醉翁之意不在酒"，情绪是一回事，它蕴含的信息就是另一回事了。

扩展阅读

埃亚尔·温特，《狡猾的情感：为何愤怒、嫉妒、偏见让我们的决策更理性》，中信出版社，2016年

推荐理由：这本书提供了"看似感性的情绪如何达到理性目标"的诸多案例和深刻洞见。

原理19 情绪来自建构
——情境、文化、语言如何塑造情绪

说完情绪的功能,我们来看情绪是如何形成的。

在介绍情绪对内的核心功能时,我们提到情绪包含两个主要维度:效价维度反映感受是否愉悦,唤醒度维度反映情绪的激烈程度。你可能已经想到一个问题:如果情绪的内涵只有效价和唤醒度这两个维度,那五花八门的情绪是怎么来的呢?快乐、悲伤、恐惧、厌恶、惊讶、悔恨、尴尬、羞耻、幸灾乐祸、敬畏……如果情绪只包含效价和唤醒度这两个维度,那无论如何也不可能组合出这么多种不同的情绪体验。

实际上,情绪是由偏生理和偏社会的两种成分组合而成的:偏生理性的成分是我们的身体感受,偏社会性的成分是我们为身体感受附加的意义。如果写成公式,就是:

情绪=生理性的感受+社会性的意义

效价和唤醒度其实是情绪中偏生理性的那一部分。愉快或不愉快、激动或平静，实际上都是身体的感受。身体状态的改变总是会伴随愉悦度和唤醒度的改变。吃到喜欢的食物时愉悦度上升，胃不舒服时愉悦感下降，咖啡喝多了之后的紧张不安提高了唤醒度，长跑后的疲劳降低了唤醒度……

但这些身体感受本身其实还不是完整的情绪，完整的情绪还要叠加公式的第二部分，也就是我们对身体感受的解读，为身体感受赋予的意义。

同样的身体感受在不同的场合下会被解读成不同的意义。比如，我们眼前忽然出现一只老虎，我们身体的感受其实和我们坐过山车时非常类似，求生的本能会立即让我们手心出汗、心跳加速、肾上腺素分泌、胃部收缩，进入高度紧张的状态。在短短的一瞬间后，大脑就开始解读自己的身体反应："为什么我会这么紧张？噢，是因为老虎可能吃了我。原来我是在害怕！"或者"为什么我会紧张？噢，是因为我在坐过山车，好刺激啊！"。

于是，同样的生理感受被大脑做出了"害怕"和"刺激"这两种完全不同的解读。

心理学家把我们对生理感受进行解读这个过程叫作**建构**（construct）。**情绪是被建构出来的**。身体感受本身没有那么多的类型，但是对身体感受的建构方式却无穷无尽。这就是为什么情绪类型多种多样，我们根本说不清楚世界上有多少种情绪。

> **情绪来自建构**
>
> 情绪是由偏生理和偏社会的两种成分组合而成的：偏生理性的成分是我们的身体感受，偏社会性的成分是我们对身体感受的解读（即建构）。生理感受的种类有限，但对身体感受的建构方式却无穷无尽，因此情绪类型多种多样。在不同的微观情境和宏观文化背景下，同样的感受会被人们从不同的角度建构成不同的情绪。

微观上，在不同的情境中，宏观上，在不同的语言和文化里，同样的感受都会被人们从不同的角度去建构成不同的情绪。我们先从微观视角看起。

不同情境下的情绪建构

情绪是被建构出来的——这个观点最早在20世纪60年代由美国哥伦比亚大学的心理学家斯坦利·沙赫特（Stanley Schachter）提出。

1962年，斯坦利·沙赫特和杰瑞·辛格（Jerry Singer）开展了一项情绪建构的经典实验[1]。研究人员先对受试者说，等会儿要给他们注

---

[1] Schachter S, Singer J. Cognitive, Social, and Physiological Determinants of Emotional State[J]. Psychological Review, 1962, 69 (5)：379.

射一种维生素,看它会不会对视觉系统产生影响。实际上,注射进受试者体内的是肾上腺素这种激素。这一程序在今天看来完全不符合实验的基本道德规范,因为肾上腺素会产生或引发比较强烈的副作用,比如手指颤抖、脸红等。而在本实验中,研究者想要观察的却正是受试者会如何解读这些副作用(当时针对实验道德的审核尚未规范)。

研究者设置了两种实验条件。在第一种条件下,研究人员把注射之后产生的副作用明确地告诉了受试者;但在另一种条件下,研究人员却对受试者说,注射没有任何副作用。

接下来,两组受试者都会在实验里遇见一个研究人员安排好的"托"。这位"托"要么表现得很开心,要么表现得很愤怒。结果,听说过注射有副作用的那些受试者的情绪不会被那个"托"影响,他们的表现五花八门,有的开心,有的愤怒,有的亢奋,什么样的都有。

但是,之前听说注射没有副作用的那些受试者的情绪,却几乎完全被"托"的表现左右。和表现开心的"托"接触的受试者,会说自己也感觉到很开心;和表现得很愤怒的"托"接触的受试者,会说自己也感觉到很生气。

其实,所有受试者当时的生理感受是一致的,他们手指颤抖、脸发烫的感觉,都是注射肾上腺素后的效果。不过,由于第二组受试者不知道自己产生这种感受的具体原因,所以他们下意识地从自己观察到的各种线索里寻找这种生理反应的意义。这样一来,在开心氛围里的受试者，就给手指颤抖、脸发烫的感受赋予了开心的意义；在愤怒氛围里的受试者，也就觉得自己是在发怒了。

于是，同样的身体感受与不同的解读叠加在一起，被建构成了两种截然不同的情绪。可见，我们对情绪的建构会受到周围情境的影响。

不同文化和语言下的情绪建构

微观的周边环境影响情绪建构，宏观的文化环境当然也可以。有一种比较激进的观点认为，包括喜怒哀乐这些基本情绪在内的所有情绪，其实都是被此人成长过程中的经验和所处的文化环境建构出来的。这就是"情绪的文化建构理论"[1]。

持这种观点的代表人物是美国心理学家莉莎·费德曼·巴瑞特（Lisa Feldman Barrett）。根据巴瑞特的理论，语言在情绪的建构过程中占据了非常核心的地位，因为语言是人的经验与文化最重要的载体。正是通过语言，人们才可以把经验提炼出来，而文化的影响也往往是通过语言来传递的。

所以，情绪几乎完全是由语言建构出来的。巴瑞特的观点相当极端，她甚至认为如果语言里没有描述某种情绪的词，那么说那种语言的人就不会体验到这种情绪。比如，太平洋海岛上的塔希提人的语言

---

[1] 巴瑞特. 情绪［M］. 北京：中信出版社，2019.

里没有"悲伤"这个词以及和"悲伤"相关的概念。根据巴瑞特的观点，塔希提人是体验不到悲伤的[1]。在西方人体验到悲伤的情境中，塔希提人体会到的则是生病、苦恼、疲乏或者没精神。巴瑞特认为，语言里有"悲伤"这个词的人可能很难接受这个事实：一个人怎么可能没有悲伤呢？我们之所以百思不得其解，只不过是因为我们自己的语言里有"悲伤"这个概念。

其实只要往另一个方向思考一下，我们就可以理解这种现象了。在别的语言中，我们经常能发现一些我们自己的语言里完全不存在的情绪词语。看完这些词语的解释后，我们要琢磨半天，才能模模糊糊地感受到一点其中的含义。但以那种语言为母语的人只要一听到这个词，立即就能无意识地唤起内心相应的情绪。

来看几个例子（下面这些外语词的准确意思其实都很难翻译，因为中文里根本没有对应的词）：

> 挪威语里有一个单词forelsket，专指恋爱时的欣喜若狂。
>
> 丹麦语和瑞典语里有一个单词hygge，指的大约是一种带有满足感的舒适心情。有人说，宜家的样板房给人的感受，最准确的形容就是hygge。

---

[1] 巴瑞特. 情绪［M］. 北京：中信出版社，2019：163-192.

荷兰语里有个单词voorpret，指的是预感到有好事即将发生时的兴奋心情。

在查看这些情绪相关词语的语意时，我觉得自己就是一个不知悲伤为何物的塔希提人。从这个角度来看，情绪被语言建构这个观点也就并不显得有多匪夷所思了。

启发与应用：提升情绪建构的细腻度

总之，在不同的微观情境和宏观文化背景下，同样的感受会被人们从不同的角度去建构成不同的情绪，由此产生了丰富多彩的情绪体验。而这又引申出了一个非常重要的推论：不同文化、不同个人，建构情绪的细腻程度有高有低。

有些文化里的语言描述情绪的词语非常丰富，有五花八门的情绪概念；有些个人对情绪体验的描述非常细腻，能够很精确地感受和定义自己体验到的情绪。反过来，也有一些文化里的语言描述情绪的词语相对贫乏，翻遍辞典也没有几个与情绪有关的概念；有些个人也是如此，他们比较"神经大条"，情绪体验粗糙，只能描述出模模糊糊的感受，在别人看来有区别的体验，在这些人的主观感受里无甚差别。

这种分辨和定义情绪的能力，就是**情绪粒度**（emotional granularity）。情绪粒度高的人对情绪的体验更丰富、更细腻，能对情绪进行丰富多彩的建构；而情绪粒度低的人对情绪的体验很粗糙，对情绪的建构方式很有限。同样是感受到一些积极情绪，一个情绪粒度低的人可能只笼统地感受到"棒极了"，但一个情绪粒度高的人可以区分上一次体验到的是"充满希望"，这一次体验到的是"备受鼓舞"，两次"棒极了"在高情绪粒度者的体验中是有区别的。

那么情绪粒度是高一点好还是低一点好呢？

高一点更好。

已经有不少研究证明，情绪粒度的提升对心理健康及生活满意度都有正面的影响。高情绪粒度的人往往能更好地控制自己的行为[1]；那些能够精细区分各种不愉快情感的人，面对压力的时候更少借酒消愁[2]，在受到伤害的时候也更少主动报复[3]。而情绪粒度低的人则与各

---

[1] Barrett L F, Gross J, Christensen T C, et al. Knowing What You're Feeling and Knowing What to Do about It. Mapping the Relation Between Emotion Differentiation and Emotion Regulation[J]. Cognition & Emotion, 2001, 15 (6)：713-724.
[2] Kashdan T B, Ferssizidis P, Collins R L, et al. Emotion Differentiation As Resilience Against Excessive Alcohol Use: An Ecological Momentary Assessment in Underage Social Drinkers[J]. Psychological Science, 2010, 21 (9)：1341-1347.
[3] Pond Jr R S, Kashdan T B, Dewall C N, et al. Emotion Differentiation Moderates Aggressive Tendencies in Angry People: A Daily Diary Analysis[J]. Emotion, 2012, 12 (2)：326.

种精神疾病的发病率存在正相关，患有重度抑郁症[1]、社交焦虑症[2]、饮食失调症[3]、边缘型人格障碍[4]的人，情绪粒度普遍比较低。

那我们应该如何提高自己的情绪粒度？

思路很简单——用来描述情绪的词语越丰富，我们情绪粒度就越高。所以我们要做的无非是尽可能地丰富我们用来描述情绪的词汇。

有哪些途径可以帮助我们丰富情绪词汇呢？

第一种途径是试着去了解别的语言里有哪些在我们的语言中很难找到对应关系的情绪词。不过，语言不能脱离文化背景而孤立存在，仅仅知道那些外语单词和它们的释义，可能还不足以让我们直观地捕捉到那些词的确切内涵。

所以第二种途径可能更切合实际一些，那就是我们多去了解一点在自己的文化中创造的情绪词汇。这些年来，我自己有一个很深切的体会：今天中国人的情绪似乎比过去要丰富得多，情绪粒度整体上要比过去高很多。在我的印象中，21世纪初日常语言里形容情绪的词汇

---

[1] Demiralp E, Thompson R J, Mata J, et al. Feeling Blue or Turquoise? Emotional Differentiation in Major Depressive Disorder[J]. Psychological Science, 2012, 23 (11): 1410–1416.
[2] Kashdan T B, Farmer A S. Differentiating Emotions Across Contexts: Comparing Adults With and Without Social Anxiety Disorder Using Random, Social Interaction, and Daily Experience Sampling[J]. Emotion, 2014, 14 (3): 629.
[3] Selby E A, Wonderlich S A, Crosby R D, et al. Nothing Tastes As Good As Thin Feels: Low Positive Emotion Differentiation and Weight-Loss Activities in Anorexia Nervosa[J]. Clinical Psychological Science, 2014, 2 (4): 514–531.
[4] Suvak M K, Litz B T, Sloan D M, et al. Emotional Granularity and Borderline Personality Disorder[J]. Journal of Abnormal Psychology, 2011, 120 (2): 414.

是相当贫乏的。与之对应地，那时候我们的内心也没有那么多"奇奇怪怪"的感受。这20多年间发生了什么？我的猜想是，网络语言的爆发激活了人们的情绪体验。

很多人对网络语言感到不齿，认为互联网污染了语言的纯洁，但我的看法要乐观得多。我觉得，正是因为有了"我太南了""awsl"这样的网络流行语，我们内心相应的情绪感受才能被激发出来。在丰富国人的情绪粒度这件事上，我觉得互联网流行文化功不可没。所以，提高情绪粒度的第二种途径说白了就是适度地关注互联网上的那些网络潮流。虽然那些潮流有的看着挺low（俗）的，也很快就会过时，但如果我不关注互联网，都说不出"挺low"这样的过时表达。

上面这两种途径，都是学习别人创造的情绪词汇。不过，既然别人可以创造词汇，我们自己当然也可以。巴瑞特在《情绪》这本书里说，我们每一个人都应该尝试做"体验收藏家"[1]，就是一面丰富自己的体验（外出旅行、读书、看电影、尝试不熟悉的事物等），一面有意识地把这些体验总结成概念。你甚至可以自己创造词汇来表达这些概念，打造专属的情绪词汇库。这就是提升情绪粒度的第三种途径。

---

[1] 巴瑞特．情绪［M］．北京：中信出版社，2019：221-250．

扩展阅读

莉莎·费德曼·巴瑞特,《情绪》,中信出版社,2019年

推荐理由:"情绪粒度"概念的提出者、心理学家莉莎·费德曼·巴瑞特阐述情绪的文化建构理论的一本书。

原理20 情绪是道德的基础
——是非判断很感性

在原理17~19里，我们从情绪的功能、构成和形成过程等视角介绍了情绪的内涵，接下来可以说说情绪的外延了。在接下来两节中，我们分别来看情绪的两个重要心理成分——道德和意志之间的关联。

道德是人们心目中关于什么是好与坏、什么是善与恶、什么是高尚与堕落、什么是正义与邪恶的观念。

道德判断其实跟情绪深度绑定。我们在做某种道德判断时，总会同时伴随着相应的情绪反应。做生意时被人骗了钱，看到有人对小孩施暴，发现有人刻意破坏国旗或诋毁民族英雄……遇到这些情形时，我们往往不用停下来思考一番，分析对方的行为是不是违反了某些道德规范。相反，遇到这些事，我们心底自然而然地就会冒出愤怒、厌恶等情绪。这些情绪体验让我们非常直接地"感受到"，而不是"判断出"某种行为是不是道德。

道德判断不是冷的，而是热的。更多的时候，我们做道德判断并不是基于"冷冰冰"的观念，而是基于"热乎乎"的情绪体验。情绪是支撑道德的基础。

> **情绪是道德的基础**
>
> 道德判断多数时候不是基于认知层面的分析推理，而是基于情绪反应。情绪是道德的基石，道德标准是基于特定的情绪（为解决特定的生存繁衍问题）演化出来的。

不过在展开这个原理之前，我们先要弄清楚一个前置问题：道德判断的标准到底有多少种？

道德判断的标准有几种

虽然我们平时爱下"这是个好人，那是个恶棍"这样的论断，但实际上，道德判断并不是单一维度的，一个人完全有可能在某些道德标准里是个好人，同时却在另外一些道德标准中显得不那么高尚。

那么，道德判断的标准有几种？比较有代表性的一种观点是美国心理学家乔纳森·海特（Jonathan Haidt）提出的道德六分法[1]。乔

---

[1] 海特. 正义之心：为什么人们总是坚持"我对你错"[M]. 杭州：浙江人民出版社，2014：119-199.

纳森·海特认为，不同文化里的道德标准看似千千万万（比如，有些文化里，女性在公开场合露出头发被认为是不道德的，有些文化里对长辈不用敬语是不道德的），看似五花八门，但是道德的"底味"其实也就只有几种而已，就像是世界上的菜肴千千万万，但是底味只有酸、甜、苦、辣、鲜、咸那么有限的几种而已。乔纳森·海特通过多年的研究后提出，如果剥掉文化的外衣，底层的道德标准其实只有六种。全世界各种文化里的人几乎都是从这六个维度出发来判断一个行为是否正义或高尚。这六个道德维度是：

1. **公平维度**（fairness）。在合作时互惠互利、体现公平的行为被认为是道德的。反之，合作中欺骗、背叛、占便宜的行为是不道德的。

2. **关爱维度**（care）。关怀弱小，对不幸的遭遇表达同情的行为是道德的，反之是不道德的。

3. **忠诚维度**（loyalty）。对我们所属的群体忠诚的行为是道德的，反之是不道德的。

4. **权威维度**（authority）。尊重群体中的等级关系的一系列行为是道德的，反之是不道德的。

5. **自由维度**（liberty）。自由维度与权威维度形成了一种相互拉扯的张力，权威维度要求人们遵守等级关系，而自由维度要求平等，是一种对等级关系的逆反。如果一位首领在支配他人的同时没有履行相应的义务，那就是不道德的，把他推翻反而是道德的。

6. **圣洁维度**（sanctity）。对那些与宗教和信仰有关的事物和活动，我们要尽可能让它们保持洁净，如果用一些不洁之物将它们玷污，那就是不道德的（圣洁维度非常特殊，乍一看像是个卫生条例而非道德标准，后文会详细展开）。

以上这些就是乔纳森·海特归纳出的六种最基本的道德判断维度。我们在做其中任何一种道德判断时，都同时伴随着相应的情绪反应。下面我们选取关爱、忠诚和圣洁这三个道德维度，来看看情绪是如何支撑起道德判断的。

道德判断维度：关爱

先来看关爱这个维度。爱护弱小、同情弱势，对陷入不幸的人提供帮助，是道德、高尚的；反过来，欺凌弱小、漠视痛苦，对苦难无动于衷，是不道德的。

"关爱"这种道德标准，很可能源自一种原本狭隘的情绪，那就是父母对子女的怜爱之情。我们之前曾提到，人类的婴儿非常脆弱，而且要经历漫长的童年期才能脱离父母独立生活。在儿童成长的整个过程里，父母要投入巨大的养育资源确保他们的安全，保障他们的生活。于是，那些心甘情愿为孩子投入更多的照顾资源的父母，会受到进化的青睐。

在这种进化压力的选择之下，父母演化出了对自己孩子的强烈喜爱，以及对孩子的痛苦高度敏感的复杂情绪体验。我们不妨把这种情绪叫作"怜爱之情"。怜爱就是一看到孩子大大的眼睛、圆圆的脸蛋就有想要抱抱他、逗逗他，捏一捏他胖嘟嘟的小脸蛋的那种冲动，同时也是看到孩子痛苦就感到心碎的那种不忍心。

有意思的是，"怜爱"这种情感之所以进化出来，本来是用来照顾自家孩子的，但它其实并不只针对自己的孩子。别人家的孩子大大的眼睛、圆圆的脸蛋也会让我们觉得可爱，也想要捏上一捏。甚至任何长得像婴儿的事物，都会让我们觉得可爱。不妨回想一下，生活里各种被我们贴上"可爱"标签的事物，从Hello Kitty、皮卡丘到冰墩墩，哪一个的形象不是大大的眼睛、圆圆的脑袋、短短的手脚？哪一个不是在模拟婴儿的模样？

同样地，我们不但在看到自家孩子受苦时会心痛，看到其他弱势群体、其他需要照顾的人或事物受苦时，我们的内心也会泛起不忍的情绪。

于是，对自家孩子的"怜爱"就转变成了"关爱"，"怜爱"从一种本来相对自私的情绪升华成了一种关爱弱势、扶难帮困的道德标准。

这就是关爱这种道德判断维度的由来。这种道德标准是基于一种情绪慢慢演变出来的。

道德判断维度：忠诚

再来看道德判断的另一个维度——忠诚。对我们所属的群体忠诚的行为是道德的；反之，背叛我们所属的群体的行为是不道德的。

人是一种社会性动物，都有融入群体、被群体接纳的强烈渴望[1]。一旦融入某一个群体，群体内的成员就成了"我们"，群体之外的则成了"他们"。一个人对"我们"和对"他们"的态度是截然不同的，人们总是会无意识地放大自己所属群体的优点：我们比其他人更善良，更优秀，更有智慧；我们的食物更好吃，音乐更动听，语言最有诗意……[2]我们还更容易对"自己人"产生共情，看到别人的手被针戳的时候，我们自己的手也会紧绷起来，如果那只手的主人跟我们是同一个种族的话，这种共情反应就会更加强烈[3]。上述这些情感汇集成了我们对本群体的自豪感，以及我们对本群体的爱。

而另一面，对于群体之外的人——"他们"，我们同样会产生一系列情感和态度。很遗憾，这些情感和态度大多是负面的。比如，我们会天然地认定其他群体的人更不值得信任：一张异族的面孔哪怕并

---

[1] 阿伦森，阿伦森. 社会性动物（第12版）[M]. 杭州：浙江人民出版社，2014：89-124.
[2] Fu F, Tarnita C E, Christakis N A, et al. Evolution of In-Group Favoritism[J]. Scientific Reports, 2012, 2（1）：1-6.
[3] Avenanti A, Sirigu A, Aglioti S M. Racial Bias Reduces Empathic Sensorimotor Resonance With Other-Race Pain[J]. Current Biology, 2010, 20（11）：1018-1022.

没什么的表情,也更容易被我们解读成是愤怒的表情[1],而愤怒意味着攻击,意味着对我们的威胁。

千百万年来,我们的祖先始终面对着"形成和维持一个有战斗力的部落"的挑战,以便抵挡来自敌对群体的挑战和攻击。相应地,我们演化出了上面提到的一系列情绪反应,以巩固群体内的凝聚力,加强针对敌对群体的戒备。

这一系列情绪反应最终凝聚成了忠诚这一道德判断维度。这种道德标准虽然不像关爱那样只与特定情绪绑定,但支撑它的也是一系列与群体生活有关的情绪反应。

道德判断维度:圣洁

我们最后来看圣洁这个道德判断维度。圣洁维度要求我们让那些与宗教信仰有关的事物和活动尽可能保持洁净,如果用一些不洁之物把它们玷污,那就是不道德的。

这个道德标准非常特别,它其实是把形而上的信仰和"讲卫生"这种特别实际的生活方式连接在了一起。

为什么会有这种古怪的关联?背后的逻辑是这样的——

不论今天的宗教发展得如何复杂,在源头上,宗教的核心功能是通过敬拜神灵,把我们人类与一个永恒的存在绑定在一起。古人为什

---

[1] Mabry J B, Kiecolt K J. Anger in Black and White: Race, Alienation, and Anger[J]. Journal of Health and Social Behavior, 2005, 46(1): 85-101.

么要敬拜神灵？本质上是为了缓解死亡恐惧：神是不朽的，我们是神的子民，因此我们也会不朽。

藏在宗教背后的情绪其实就是死亡恐惧。于是在宗教活动中，人们非常忌讳那些让人感受到死亡恐惧的事物。

那么，什么事物容易让我们产生死亡恐惧呢？洪水猛兽、天灾人祸，能让我们想起"人终有一死"的事物很多，但其中一种可能会出乎很多人的意料，那就是各种不干净的东西。人类的祖先凭借自己的智慧，几乎战胜了所有看得见、摸得着的天敌，从剑齿虎到猛犸象，哪一个不是成了我们的盘中餐？

但有一种天敌至今仍在威胁人类的生存，那就是看不见、摸不着的微生物。当人类祖先征服了所有看得见的天敌之后，被微生物感染导致的各种传染病就成了人类祖先面临的最严重的死亡威胁。如果人类还有天敌的话，致病微生物就是人类最大、可能也是唯一的天敌。我们这些生活在"后抗生素时代"和"后疫苗时代"的现代人经常忘记这一点，惨烈的新冠肺炎病毒疫情算是提醒了我们这个残酷的事实。

不过面对微生物的威胁，祖先们也不是完全束手无策。微生物其实并不是彻底隐形的，即便是缺乏科学知识的祖先，有时也能够捕捉到微生物的身影，因为微生物一般大量聚集在各种脏东西里。

于是，在微生物威胁生命的选择压力下，我们的祖先逐渐进化出了排斥各种脏东西的本能,这种本能就是**恶心**(disgust)的感受[1]:馊了的食物会让我们恶心,粪便会让人觉得恶心,别人身上的黏液(鼻涕、痰)让人觉得恶心;病人身上的脓包让人恶心。一感觉恶心,我们就会想方设法远离这些事物。这种本能其实就是一种让我们远离脏东西里那些致病微生物的生存保护机制。总之,在恶心这种感受的引导之下,人类具备了排斥脏东西的强烈本能。

到这里,我们就明白为什么宗教道德里要排斥各种"肮脏的""不洁净"的事物了。不洁其实是一种强烈的死亡信号,它提醒我们:永恒只是妄想。所以,追求永恒的宗教极力排斥不洁。

几乎所有古老的宗教禁忌最原始的目的,都是在宗教活动里排斥一些所谓不干净的东西。比如,大量古代宗教教义禁止月经期的女性参与宗教活动,这背后最可能的原因无非是古人认为经血"不洁"。

除了宗教禁忌,宗教仪式也体现着同样的内涵。在世界各地几乎所有宗教里,在准备进行敬拜神灵的活动之前,都要经过一番复杂的准备仪式。这些准备仪式的核心步骤几乎毫无例外地都是"搞卫生"——把祭祀的器具洗干净,把参加祭祀的人洗干净。所谓"焚香、沐浴、更衣",初衷都是两个字——干净。

宗教的神圣就这样与"洁净卫生"紧紧地捆绑在了一起。这种观念后来慢慢演变成了"圣洁"这个道德判断的维度。如果把一些不

---

[1] Rozin P, Haidt J, Mccauley C R. Disgust[M]//Handbook of Emotions. New York: The Guilford Press, 2008: 757-776.

洁之物带入宗教活动里，就会被当作一种玷污，那就是不道德的。"圣"与"洁"就是这样融为一体的。

哪怕是最形而上的宗教道德标准，归根结底还是建立在由微生物引起的死亡恐惧这种情绪基础之上。

启发与应用：动之以情，晓之以理

情绪是道德的基石，道德标准是基于特定的情绪（为解决特定的生存繁衍问题）演化出来的。这一原理提示我们，试图传播某种道德理念时，重要的是让对方体会到道德理念背后的情绪（怜爱、自豪、恶心等）。我们都知道，在传播观点时，既要动之以情，也要晓之以理，以情感人和以理服人并举，说服效果才有保障。但在道德理念方面，理由情生，动之以情才是关键。

扩展阅读

乔纳森·海特，《正义之心：为什么人们总是坚持"我对你错"》，浙江人民出版社，2014年

推荐理由：一本"道德心理"的百科全书。

原理21 情绪是意志力的基础
——及时行乐，还是追求长远

情绪不但是道德判断的基础，也是意志力的基础。意志力问题本质上是一个关于情绪调控的问题。

什么是意志力？在绝大多数情况下，我们说一个人的意志力很坚定，指的是这个人能抵挡当下的诱惑，追求未来长远的利益。**意志力问题的核心，其实是对"当下的快乐"和"未来的快乐"这两个情绪选项的取舍，是一个基于情绪线索的决策问题。**

"当下的快乐"和"未来的快乐"

意志力之所以是个"问题"，是因为"当下的快乐"和"未来的快乐"的力量对比往往非常悬殊。为了未来的快乐放弃当下的快乐很艰难，因为人们总是倾向于及时行乐，很难不屈服于眼前的诱惑。比如有这样一个问题：

你是愿意在一年后得到1000元钱还是在一年零一个月后得到1100元钱？

大多数人都会选择后者。多等一个月就能多得100元，这相当于10%的月息或者120%的年息，是高利贷级别的利息。可见在人们心中，如此高的利息是能够弥补多等一个月带来的焦虑和风险的。可是，如果我们换一个问题：

你是愿意现在拿到1000元钱还是一个月后拿到1100元钱？

奇怪的是，这一回大部分人会选择前者。事物一旦在时间上离现在越近，我们就越强烈地希望尽快得到它。明明同样是120%的年息，当它出现在一年以后这个时间点时，就可以弥补多等一个月带来的感情损失；但它近在眼前时，就不足以弥补"一个月后拿到"与"当下拿到"相比而言的情感损失了[1]。

---

[1] 何嘉梅，黄希庭．时间贴现的性质与脑机制［J］．心理科学进展，2009，17（1）：98-105．

> **情绪是意志力的基础**
>
> 意志力问题的核心,其实是对"当下的快乐"和"未来的快乐"这两个情绪选项的取舍,是一个基于情绪线索的决策问题。人们总是倾向及时行乐,很难为了长远利益放弃当下的快乐。提升意志力的核心思路是改变"当下"与"未来"的力量对比,减小"当下的快乐",增大"未来的快乐"。

这种及时行乐的欲望非常强烈。当一个能让人获得快感的诱惑摆在面前,当我们知道可以随时得到它时,就特别难克制想得到它的欲望。心理学史上有一个著名的"棉花糖实验"很形象地展示了这种心理倾向[1]。在这个实验中,研究人员把一块棉花糖放在一群4岁小朋友面前,然后给他们两个选择:要么立即吃掉;要么忍住不吃掉它,等上15分钟后研究人员返回实验室,他们就会再得到一块棉花糖。结果,绝大部分孩子坚持不了几分钟就吃掉了眼前这块棉花糖,只有极少数孩子等到了研究人员回来兑现奖励。可见拒绝眼前的诱惑有多难。

孩子倾向及时行乐,成年人的表现也好不到哪里去。英国利兹大

---

[1] Mischel W, Shoda Y, Rodriguez M L. Delay of Gratification in Children[J]. Science, 1989, 244 (4907): 933-938.

学的丹尼尔·里德（Daniel Read）等人做过这样一项研究[1]：研究人员招来一批受试者，让他们从一堆商业片和艺术片里选出三部来观看。在他们选出三部影片后，研究人员又要求他们从中选出一部立即观看，然后选出一部在两天后观看，最后一部则留在四天后看。

结果是这样的：首先，大部分人选出的影片中包含了《辛德勒的名单》这部电影，这说明大家都觉得这是一部好电影；但是，只有44%的观众选择在第一天观看这部深刻但比较费脑的电影，大部分受试者在第一天还是选择看《西雅图未眠夜》这种轻松一点的娱乐片。

研究人员又进行了另一项实验：要求受试者把选出来的三部片子一口气连续看完。这次，选择《辛德勒的名单》的人数暴跌到了之前那次实验的1/14。

看来，在不涉及当前选择时，人们往往会产生一种自己的品位"高端大气上档次"的错觉；而一旦涉及当前选择，我们就倒向了及时行乐。

为什么我们会如此看重当下的享乐呢？其中一个原因是"当下"这个"魔鬼"近在耳边，哪怕它只是耳语几句，你也听得清清楚楚；但"未来"这个"天使"却远在天边，即便朝你大声呐喊，声音传到耳边时也几不可闻。"远"与"近"的力量对比天然悬殊。

所以，提升意志力的一种关键思路其实就是改变"当下的快乐"

---

[1] Read D, Loewenstein G, Kalyanaraman S. Mixing Virtue and Vice: Combining the Immediacy Effect and the Diversification Heuristic[J]. Journal of Behavioral Decision Making, 1999, 12（4）：257-273.

和"未来的快乐"之间的力量对比。想要提升意志力，我们就要想方设法减小"当下的快乐"，增大"未来的快乐"，让决策的天平倾向长远的未来，而非眼前的及时行乐。

绕过当下的快乐

我们先来看如何减小"当下的快乐"。

正如前面所说，及时行乐的本能非常强大，抵御当下的诱惑是非常困难的。如果我们抵挡不住它，那还有没有别的方法对付它呢？

纽约大学心理学教授彼得·戈尔维策（Peter Gollwitzer）提出了一种别出心裁的思路：如果我们难以正面抵御当下的诱惑，那是不是可以"绕过"它呢？有没有办法让人像行尸走肉一样，无须思索就能"自动地"开启追求长远利益的行动？诱惑虽然还在那儿，但如果一个人培养起了这种自动化反应，就等于是"绕过"了诱惑。

彼得·戈尔维策基于这种思路开发出了**执行意向**（implementation intentions）技术[1]。所谓执行意向，就是在头脑中预先植入一些"如果某个信号一出现，那么我就必须做某个动作"的规则。

执行意向要求我们把启动任务时的自己变得极其刻板，不留任何

---

[1] Gollwitzer P M. Implementation Intentions: Strong Effects of Simple Plans[J]. American Psychologist, 1999, 54（7）: 493.
Gollwitzer P M, Sheeran P. Implementation Intentions and Goal Achievement: A Meta-Analysis of Effects and Processes[J]. Advances in Experimental Social Psychology, 2006, 38: 69-119.

余地，只要事先约定好的条件一出现，就机械地做出相应的动作。比如，"当我每天早上第一次启动电脑时，我就会点开工作文件夹，打开论文的文档"。

"启动电脑"这个信号一旦出现，我们就不过脑子地执行规定好的行为。动作不由决心和意志触发，而是由一个外部的客观条件触发——通过把动作的触发条件"外包"给一个外部的线索，执行动作的难度就会大幅降低。

"每当我走到公司电梯前，我就会绕过它，爬楼梯上办公室。"

"每当我在家吃完晚餐，我就要从冰箱拿出一个苹果，削皮并当场吃掉。"

"如果去吃自助餐，那么我只吃蔬菜和瘦肉。"

设置这样的触发规则，比下决心说"我要每天锻炼身体""我要每天吃水果""我要少吃高热量食物"有效得多。

执行意向的目的是降低触发动作的灵活性，所以它一定越刻板越好。触发条件和动作都必须非常明确，不能模糊。"每当我在家吃完晚餐，我就要从冰箱拿出一个苹果，削皮并当场吃掉"，就比"每当我吃完晚餐就要吃一个水果"好得多，因为前者对动作的规定更清晰。

而且，条件和动作在时间上必须联系紧密。"我会在晚饭后30分钟吃一个苹果"就不够紧密，除非把它变成"我会在晚饭后立即设置一个30分钟的闹钟，闹钟响起后我会立刻削一个苹果吃掉"。

执行意向里也不要附加动作的原因。比如，"当我到自助餐厅时，我会给自己夹蔬菜沙拉，**因为我想要更健康**"，这只会适得其反。思考原因会降低动作的刻板程度，而我们要的就是刻板。

执行意向技术一方面简化了启动追求长远利益的行为的难度，另一方面也间接地绕过了"当下的快乐"。打开电脑的时候，我们本可以刷网页、看电影，但通过执行意向，我们直接绕过了这些当下的诱惑，改变了"当下的快乐"与"未来的快乐"之间的力量对比。

增大未来的快乐

而对未来长远利益带来的快乐，我们要想方设法将它们放大，让当前的自己更容易、更清晰地感受到那份快乐。

方法是，我们要把未来"具体化"。把未来的收益具体化成一幅幅画面，让自己能清清楚楚地看见它们的细节，感受到它们的价值。那个惦记着我们长远利益的天使站得太远了，面目太模糊。所以我们需要架起一副望远镜，把天使的五官看得清楚一点。

其中最直接的方法是想象目标实现之后的美好画面。在著名的棉花糖实验里，大部分孩子宁愿选择立刻吃掉放在眼前的一块棉花糖，而不是忍15分钟后吃到两块棉花糖。但是如果研究者引导孩子们想象眼前这块棉花糖一下子变成两块，想象棉花糖含在嘴里的口感有多好，能忍住不吃眼前这块棉花糖的孩子就会增加不少[1]。如果你正在

---

[1] Bauer M. How to Avoid the Temptations of Immediate Gratification[M]// Breaking Bad Habits. Scientific American, 2017.

减肥，那么在面对美食时，你就应该闭上眼睛想象"今天晚上站上体重计后，那个更小一点的读数"；如果你正在培养健康的消费习惯，那么当你的消费欲望被点燃时，就应该闭上眼睛想象"信用卡账单上数字更小的还款金额"。

但要注意，这种想象必须是附带条件的：除了想象成功的画面，同时还必须想象自己是**因为做了什么**才会看到那幅成功的美好画面。如果只是想象成功的画面，那只会阻碍成功。比如有研究发现，学生如果只想象自己考试拿了高分之后有多开心，那么他们会变得更不愿意复习，结果反而考得更糟[1]。所以，我们不能只想象"银行存款变多了"，同时还应该想象自己把淘宝购物车里的商品一件件删掉的画面；光想那两块棉花糖有多好吃也还不够，还应该想象自己到底如何拒绝眼前那一块棉花糖的诱惑。

想要把未来的收益具体化，还有一个间接的方法：营造感知时间的错觉，把未来拉近。比如我们可以借助音乐营造这种错觉。在听慢节奏音乐时，身体内部时钟也会随着音乐节奏变慢[2]。这个内部时钟是我们衡量时间的尺子，尺子本身被拉长了，量出来的数值也就相对变小了。这让我们在感知一件未来发生的事件时，觉得它离现在更

---

[1] Pham L B, Taylor S E. From Thought to Action: Effects of Process-Versus Outcome-Based Mental Simulations on Performance[J]. Personality and Social Psychology Bulletin, 1999, 25（2）: 250-260.
[2] Freedman D H. Time-Warping Temptations[M]//Breaking Bad Habits. Scientific American, 2017.

近。而未来的事物在时间上离现在越近，我们对它的感知就越具体，也会越高估它的分量。所以在听着慢节奏音乐的人眼中，未来的那两块棉花糖会变得更加诱人。

通过这些具体化的手段，"未来的快乐"由模糊变得清晰，由微弱变得强烈，这让我们更倾向选择未来的长远收益，而非眼前的及时行乐。

启发与应用：提升意志力并非放弃快乐，拥抱痛苦

很多人认为提升意志力是"放弃快乐，拥抱痛苦"，是对一种痛苦（但长远有益）的行为的咬牙坚持。但我们其实也可以把意志力问题理解为（当下的）快乐与（未来的）快乐之间的抉择，而非快乐与痛苦之间的抉择。

从这种观点出发，提升意识力的关键不再是对痛苦的坚持，而是对两种快乐程度的调控。人总是贪图快乐的，坚持痛苦很难持续，但追求（长远的）快乐或许可以。

扩展阅读

海蒂·格兰特·霍尔沃森，《成功，动机与目标》，译林出版社，2013年

推荐理由：关于意志力、目标与成功的诸多科学见解，最硬核的"成功学"。

第六章

群体与文化

"我"在"我们"之中。

原理22 错不在我
——人有自我辩护的强烈动机

本章的主题是群体心理。人类是一种适应群体生活的动物,很难离开群体独自生存,相应地,人类心智中包含了大量与群体生活匹配的心理机制。在本章中,我们的视角会从微观出发,最后转向宏观:先把目光聚焦在群体中的"个人",考察人们在群体中如何看待自己,然后再探讨人际互动中的从众心理与合作心理,最后把视角放大到群体生活的极限,着眼于文化来谈文化心理。

我们先从微观视角谈起,来看群体中的自我。当人们身处群体时,大量行为会被一种强烈的动机支配,这种动机就是**自我辩护**。在他人面前,我们总是摆出一副"错不在我"的姿态。

瑞典心理学家彼得·约翰森(Petter Johansson)主持的一项研究生

动地展示了这种"错不在我"的心态[1]：在这个实验里，研究人员和参加实验的受试者各自坐在桌子两边，研究人员拿出两张人物照片，一左一右，让受试者选出一张他们更喜欢的照片。接下来，研究人员把两张照片往受试者方向推，让受试者在更近的距离看着照片解释喜欢这张照片的原因。

实验最关键的操作隐藏在推照片这个动作里。研究人员其实是科学家雇的魔术师，在推照片的过程里，他神不知鬼不觉地用魔术手法调换了左右两张照片。也就是说，当照片推到受试者眼前的时候，受试者之前更喜欢的那张照片其实已经被换到了另一边。

受试者接下来的反应非常耐人寻味：大多数受试者不但没有发觉照片被调换，他们还会头头是道地解释自己为什么更喜欢那张照片，尽管那其实是他们本来不喜欢的照片。

这个实验暗示，人们有一种强烈的动机为自己的行为辩护，哪怕行为并非出自本意，他们仍然会不假思索地为行为辩护。从这个实验里折射出来的，是人类最基础的一种群体心理，那就是当我们身处群体之中、意识到自己的所作所为会被其他人看在眼里时，我们会产生一种显著的自我辩护动机。

---

[1] Johansson P, Hall L, Sikstrom S, et al. Failure to Detect Mismatches Between Intention and Outcome in a Simple Decision Task[J]. Science, 2005, 310 (5745): 116-119.

> **错不在我**
>
> 当人们身处群体时，会产生显著的自我辩护动机，有意无意地为自己的行为和观点辩护，向他人证明自己行动与观点的正当性，证明"错不在我"。"为行为辩护"和"为观点辩护"有时会产生矛盾，这时人们往往会为了替行为辩护而改变自己的观点。因此，人们的观点有时会被行为绑架。

群体生活就像是永不休庭的法庭辩论现场，我们随时随地身处被告席，面对其他人的审视。我们也是为自己的行为辩护的律师，总是在有意无意地试图向别人证明：我的行为是明智的、是正当的，"错不在我"。

维持一个光荣、伟大、正确、明智的形象，可以说是人在群体生活中的第一要务。有其他人在场时，我们首先是个辩护律师，然后才有其他身份。而且，为自己的行为辩护的冲动很多时候是自发产生的，在无意识中启动。正像上面这个实验展示的，受试者不假思索地就编出一套理由来解释自己的选择。为自己辩护，是一种本能反应。

是为观点辩护，还是为行为辩护

要证明"错不在我"，我们其实有两件事可做。我们既要为自己的行为辩护，证明"我做得没有错"，与此同时，我们还要为自己内心的观点辩护，证明"我想得没有错"。我们头脑中事实上有两个辩护律师，一个负责为行为辩护，一个负责为观点辩护。

有意思的是，为自己的行为辩护和为自己的观点辩护这两个目的，有时会相互矛盾，难以两全。有时，我们可能会被迫说出一些言不由衷的话，做出一些自己其实并不认同的行为。有时，我们可能会落入别人的圈套——就像上面那个实验展示的那样，做出一些违背自己本来意愿的选择。这时，我们就会陷入巨大的矛盾之中：如果要为行为辩护，那自己观点就是错的；反之，如果要给观点辩护，那自己的行为就是错的。

这时，人们就陷入了**认知失调**（cognitive dissonance）。认知失调这个概念是由社会心理学的先驱、美国心理学家利昂·费斯廷格（Leon Festinger）提出的[1]。认知失调指的就是头脑中两种动机、两种观点、两种欲望相互矛盾、相互不可调和的状态。一旦认知失调出现，人们就会陷入焦虑，有很强烈的动机去缓解失调。也就是说，两种相互矛盾的动机、观点或欲望必须来一场对决，只有获胜的那个才可以被保留下来，而败下阵来的那个要被调整、被修改，最后要被调整到与获胜的那一方相互调和的状态。直到这时，焦虑才会缓解。

---

[1] Festinger L. A Theory of Cognitive Dissonance[M]. Redwood: Stanford University Press, 1957.

观点被行为绑架

那么,为自己的**行为**辩护的动机和为自己的**观点**辩护的动机如果要一争胜负,谁会获胜?

答案是,多数时候都是为行为辩护的动机获胜。我们更有动力维护自己的行为,而不是维护内心的观点[1]。行为与观点的差别在于行为是既定事实,自己的所作所为(以及说出的话)已经被他人看在眼里,记在心中,木已成舟,覆水难收。而他人的目光就是我们的"地狱",外露的行为已无法改变,所以我们只好委屈自己内心的观点了。

于是,遭遇认知失调时,我们往往会偷偷地改变自己内心的观点,好让观点与行为重新协调一致。当狐狸吃不到葡萄时,它会让自己相信葡萄是酸的,这样一来,放弃葡萄的行为就变得合理了。

所以,为了缓解认知失调,我们的观点有时会被行为绑架。这是一种反直觉的状况:我们通常总是认为思想指导行为,但实际上,思想反而经常会被行为改变。比如有这样一种现象——如果你想要增加自己在别人心目中的好感度,你会选择向别人提供帮助,还是选择创造一些条件来让别人帮助自己呢?

---

[1] 相关案例参见:艾略特·阿伦森,乔舒亚·阿伦森. 社会性动物(第12版)[M]. 上海:华东师范大学出版社,2020:47-88.。

直觉上，我们似乎应该帮助别人，别人接受了我们的恩惠才会进而喜欢我们。但实际上，让别人帮助自己反而更容易增加自己在别人心目中的好感度[1]。这正是因为那个提供帮助的人的思想会被他自己的行为绑架，不管一开始是不是自愿帮助你，一旦他已经帮了你，他就要为自己的行为辩护："我为什么要帮助老魏呢？我是好人，我不会帮助坏蛋。所以只能是因为老魏是一个善良可爱的人，他应当得到我的帮助。"于是很吊诡的是，明明是他帮了我，我在他心目中的形象反而可爱了起来。

美国建国之父、著名的发明家和政治家本杰明·富兰克林（Benjamin Franklin）很早就把这种策略运用得炉火纯青了。有一回，为了把一位对他有敌意的议员争取过来，他请求那位议员把一本稀有的藏书借给他看。一周以后，富兰克林归还了那本书，并且附上了一张字条强烈表达了自己对这次帮助的感激。不久后富兰克林与那位议员见面时，那位议员对他的态度明显改善了，他俩后来成了朋友，友谊一直持续到那位议员去世。[2]

这个例子一方面让我们看到人们自我辩护的动机有多强烈（为了替自己帮助富兰克林的行为辩护，那位议员甚至在无意中改变了自己的一部分政治立场），另一方面也让我们看到，为自己的行为辩护这

---

[1] Jecker J, Landy D. Liking a Person As a Function of Doing Him a Favour[J]. Human Relations, 1969, 22（4）: 371–378.
[2] Franklin B. The Autobiography of Benjamin Franklin[M]. Scotts Valley: Createspace Independent Publishing Platform, 1909: 216–217.

种动机是可能被人用来操控人心的。

"操控人心"是一个中性词。它可以起到积极作用。比如，小学班主任对付那些调皮捣蛋的孩子有一个绝招：怎么让调皮的孩子变得守纪律呢？有经验的班主任会让这些调皮捣蛋的孩子当纪律委员，纪律委员的职责就是帮助老师说服别的孩子不要调皮捣蛋，结果，别的孩子未必被他们说服，但这些本来调皮捣蛋的孩子自己却变得守纪律了。因为劝别的孩子守纪律这个行为与他们自己想要调皮捣蛋的想法产生了矛盾，为了缓解认知失调，替自己的行为辩护，他们只好说服自己："遵守纪律是应该的。"于是，当上纪律委员的调皮孩子自己先变乖了。

当然，也有人利用人们为自己辩护的动机来做坏事。邪教"洗脑"的手段中就经常利用这一点。比如，邪教教主一开始总是会要求他的信众捐献数目很少的金钱，一般人都不会拒绝这种小请求。可一旦做出捐钱的行为，信众们就会下意识地开始为自己的行为辩护。一经辩护，信众就在不知不觉中加深了自己对教主的信仰。接下来，教主就会逐步升级他的要求，直到彻底"洗脑"信众。

启发与应用：不充分的外部理由

小结一下，上述一系列分析和案例让我们了解到人身处群体时的一种最基本的动机——自我辩护。我们总是觉得"错不在我"，有意无意地充当自己行为的辩护律师，试图向别人证明自己的行为是正确、明智、正当的。而当我们内心的想法与行为矛盾的时候，我们为了为行为辩护，甚至不惜改变内心的想法。所以，也有人利用这一点来操控人心，改变人们的态度和观点。

不过这里还需要补充一点：利用人们为自己行为辩护来操控人心，并不总是那么管用的。有的时候，班主任即使让调皮孩子当了一个学期的纪律委员，孩子该捣蛋也还是捣蛋。这是怎么回事呢？多半是因为孩子为自己的行为找到了一个**充分的外部理由**："我之所以让别的同学守纪律，是因为老师要求我这么做，我自己并不觉得守纪律是对的。"只要找到"老师的要求"这个外部理由，认知失调就被成功化解了，孩子也就不必改变自己的观点了。

所以，想要利用自我辩护的动机来改变一个人的观点，就要让外部理由尽可能地不充分。外部理由不充分，人们就只好从内部找理由，这样，他们才会改变自己内心的想法来顺应行为。

社会心理学家艾略特·阿伦森（Elliot Aronson）做过这样一个实验[1]：研究者把一群幼儿园里的5岁孩子带到一个放置着很多玩具的房间，但威胁他们：不能玩他们非常喜欢的一个玩具。研究者设置了两种程度的威胁：对其中一半的孩子进行轻度威胁，研究者会对这些孩子说，如果他们偷偷玩这个玩具，"我会有点生气"；对另外一半

---

[1] Aronson E, Carlsmith J M. Effect of the Severity of Threat on the Devaluation of Forbidden Behavior[J]. The Journal of Abnormal and Social Psychology, 1963, 66(6): 584.

孩子进行严重威胁，他们对这些孩子说："我会非常生气，我会拿走所有的玩具然后回家，再也不回来，我会认为你像个婴儿（一样不懂事）。"之后，孩子们被留在房间里。结果，所有孩子都抵抗住了玩那个被禁止的玩具的诱惑。

接下来是最耐人寻味的部分。研究者回到房间，让孩子们评价对玩具的喜爱程度。结果，那些受到轻度威胁的孩子觉得被禁止的玩具没有之前那么吸引人了。相比之下，那些受到严重威胁而不去玩的孩子，事后仍然觉得那个被禁止的玩具很好玩。为什么会出现这样的差别？这是因为在轻度威胁条件下，孩子们没法为自己不玩那个玩具找到足够充分的外部理由，所以他们只好说服自己："我之所以不玩，是因为我其实也没那么喜欢。"相比之下，那些受到严重威胁而不去玩的孩子却找到了足够充分的外部理由："我之所以不玩，不是因为我不喜欢它，而是因为那些人太可怕了。"

所以，如果你想利用别人的自我辩护动机来改变他们的观点或态度的话，一定要注意尽可能少提供外部理由。

扩展阅读

卡罗尔·塔夫里斯, 艾略特·阿伦森，《错不在我》，中信出版社，2013年

推荐理由：人们为什么会为自己愚蠢的看法、糟糕的决策和伤害性行为辩护？该书中有针对这些问题的许多精彩案例与分析。

原理23 通过从众获益
——从归属与学习的角度理解从众

如果我已表态，那么我就是正确的——我们总要为自己辩护。那如果我尚未表态呢？这时，"我身边的人"就是正确的，我会选择从善如流——这就是从众心理。从众，就是指一个人的行为、态度、判断、情绪、认知等都会受到身边的人的影响，跟身边的人趋同。从众也是一种极其普遍的群体心理。

从众并不仅仅是对别人行为的模仿，而是一种全方位的模仿。有时候，我们会下意识地模仿别人的动作神态；有时候，我们会轻易认可别人的判断决策；还有一些时候，我们会下意识地复刻别人的情绪体验。我们简直就是一台复读机，随时随地把身边的人从心理到行为的方方面面录制下来，然后复读出来。

我们为什么要做复读机呢？有主见一点、特立独行一点不好吗？

在电影和文学作品中，往往特立独行、不从众的那些人被奉为英雄，不从众似乎才是一种在人们心目中值得赞扬的态度。的确，从众会产生不少负面结果（下文将提及），但在本节中，我们要为从众心理做一点适当的平反。从众并非一无是处，实际上，它能满足两种非常重要的需求：归属的需求和学习的需求。

我们之所以要当复读机，首先是因为如果与群体中的其他人保持步调一致，我们就更容易被其他人接纳为"自己人"，归属于某个群体，这对我们的生存非常重要。我们甘当复读机的第二个原因是：从众其实是一个学习过程，很多时候我们之所以从众，是因为不了解在一个场景里正确的应对方式应该是什么。于是我们只好复刻别人的行为，从别人的行为中学会正确的应对方式。

所以，**从众满足了人们归属的需求与学习的需求，在某些情境下，从众有利于改善人们的处境**。从众虽然是"舍己"——丢弃了自己的主见，但也是"利己"的。有些时候，它是一种理性的选择。

下面分别用一些例子来说明从众如何满足人们的归属需求与学习需求。我们也会看到，在满足这两种需求的同时，从众也会带来一些让人头痛的问题。

> **通过从众获益**
>
> 从众行为满足了两种需求：1.归属需求，与群体中的其他人保持一致能让我们更容易被群体接纳，归属于群体，这对人的生存至关重要；2.学习需求，有时人们通过复刻他人的行为来学习如何在陌生情境中做出正确的行为。
>
> 从众虽然是舍弃主见，但在某些情境下可以改善人们的处境。

从众，为了归属

先来看从众行为如何满足归属需求。

社会心理学家所罗门·阿希（Solomon E. Asch）在20世纪50年代做过一系列经典研究[1]，这些研究无比生动地展示了在从众心理的强大威力面前坚持自己的正确观点有多困难。在其中一个实验里，研究者

---

[1] Ashe E. Effects of Group Pressure on the Modification and Distortion of Judgements[J]. Groups, Leadership and Men. New Brunswick: Rutgers University Press, 1951.
Asch E. Opinions and Social Pressure[J]. Scientific American, 1955, 193（5）：31-35.
Asch E. Studies of Independence and Conformity: I. A Minority of One Against a Unanimous Majority[J]. Psychological Monographs: General and Applied, 1956, 70（9）：1.

招募了一些受试者来回答正确答案一目了然的简单问题。受试者会看到类似图6-1这样的卡片,他们的任务很简单:答出右侧候选的三条线段中哪一条与左侧的那条标准线段一样长(正确答案显然是A)。

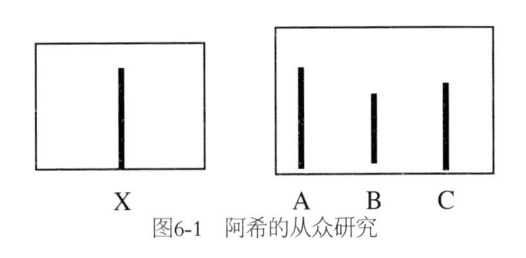

图6-1 阿希的从众研究

判断线段长度其实只是个幌子。这个实验真正的关键在于,做这项任务时,受试者并不是一个人,而是跟其他五个人一起在同一个房间里做判断。但这六个人里其实只有一个人是真正被研究者招募来的受试者,其他人其实都是研究者安排的"托"。在任务开始前,他们会先"抽签",真的受试者总是会抽到第六个——最后一个——答题。

在一开始的几轮问答里,1~5号"托"一致地给出正确答案。于是自然地,6号也轻松地答对了。直到某一轮,1~5号"托"按照事前的安排,忽然集体给出错误答案:看到上面那张图时,他们异口同声地说线段C跟标准线段一样长。不出意料,这时6号受试者的反应无比困惑。但犹豫再三之后,有相当大比例的受试者最后选择随大流,给出了与群体一致的错误答案。

在这个实验里,坚持自我的动机在顺从群体的强大力量面前显得不堪一击,实验中的受试者几乎像睁眼瞎一样附和了明显错误的群体意见。

实验里的受试者为什么宁可放弃明显正确的观点也要跟群体保持一致？因为我们渴望归属感。人类是一种适应群体生活的动物，人类作为个体是脆弱的，但在群体中，通过人与人的分工合作，通过人群创造出的文化，个人的生存能力会得到成百上千倍的提升。被群体接纳才是安全的。

那么，人们如何保证自己在群体中有一席之地？从众就是一个加分项，因为从众是群体顺利完成合作的基础。

有研究发现，如果一个人越是在一群人临近达成合作共识的紧要关头跳出来提反对意见，这个人就越是不受欢迎，越是被群体排斥[1]。不受欢迎的原因显而易见，在临近结尾时提出异议，直接破坏了即将成功的群体合作。这间接说明，从众在某种程度上是合作的润滑剂。

所以那些不从众的特立独行者经常会被人们当作破坏合作的人，被人排斥。在电影和文学作品里，我们喜欢特立独行的英雄，可是在真实生活里，我们更喜欢的反而是那些从众的人。对于离经叛道者，人们的态度似乎是：我敬你是条好汉，但我也对你敬而远之，请你别来"祸害"我。

---

[1] Kruglanski A W, Webster D M. Group Members' Reactions to Opinion Deviates and Conformists at Varying Degrees of Proximity to Decision Deadline and of Environmental Noise[J]. Journal of Personality and Social Psychology, 1991, 61（2）: 212.

所以,想要被群体接纳,我们最好选择从众——"你们都说1+1=5?好吧,你们是对的"。

从众满足了归属的需求,但它带来的麻烦也显而易见——从众压制了观点的表达。所有人都害怕被当作异类,于是难免出现所有人一起做蠢事的状况。这种状况的极端,是一种叫作**人众无知**(Pluralistic ignorance)的局面[1]。人众无知,就是每个人私底下其实都觉得那样做不对,可是每个人都以为别人是同意那么做的,不敢提出异议,于是就形成了"所有人一起做一件每个人都不认可的事"这种吊诡的局面。

人众无知的局面在学校课堂上经常出现。课堂上,老师讲解完一个知识点之后说:"大家都懂了吗?没懂的同学请举手提问。"只要开头几秒钟里没有人举手,就不会再有人举手了,哪怕大家其实都没听懂。因为每个人都以为别人听懂了,觉得自己举手就成了异类。每个人都以为自己是那个没听懂的少数派,这正是人众无知。

从众,为了学习

再来看从众行为满足的第二种需求——学习需求。有些时候,我们从众是为了学习如何正确地行动。来看一个真实案例[2]:

---

[1] Miller D T, Mcfarland C. Pluralistic Ignorance: When Similarity Is Interpreted As Dissimilarity[J]. Journal of Personality and Social Psychology, 1987, 53(2): 298.
[2] Rosenthal A M. Thirty-Eight Witnesses: The Kitty Genovese Case[M]. New York: Open Road Media, 2015.

1964年，美国《纽约时报》刊登了一个让人震惊的故事。一位名叫基蒂·珍诺维丝（Kitty Genovese）的年轻女子在纽约皇后区自己家附近的街道上被人当街刺死。当时虽然是凌晨3点，但据说那段时间里前前后后有38个邻居站在自家窗户前围观，尽管听到受害人的尖叫，却没有做出任何反应，也没有人报警。珍诺维丝被袭击了30分钟，在几十个人的围观下死去，却没有人伸出援手。直到最后才有人想起打电话报警，但为时已晚。

这实际上是则假新闻。实情是：当时旁观者不到38人，也没有人目击整起事件，附近的公寓门窗在冬夜里都紧闭着，多数人以为他们听到的是情侣低声吵架的声音。

但因为《纽约时报》的夸张报道，这个事件当年在西方舆论界和科学界掀起轩然大波。媒体上开始讨论人们的集体冷漠，而科学家则开始关注是不是真的存在这样一种效应：当我们身处群体时，会不会反而比一个人独处时更加冷漠，更不愿意帮助别人？

后来，科学家做了很多这方面的实验，结论基本一致：这种**旁观者效应**（bystander effect）果然是存在的，当我们跟一群人一起目击需要我们伸出援手的事件（当我们觉得有其他旁观者存在的时候）时，我们就不太会伸出援手。但如果目击事件的只有一个人，那么大部分人会行动起来，选择提供帮助[1]。

为什么会存在旁观者效应？第一个原因是，当有旁观者存在时，我们感觉自己身上的责任被分散了[2]：即便自己不提供帮助，也不必为此负担多少道义上的责任。这样一来，我们行动起来的动力就减弱了。

人们不提供帮助的第二个原因是，很多时候，我们的确没有办法对我们看到的紧急情况进行准确认定，无法确定自己在这种情况下应该做出哪种合适的反应[3]。比如说，珍诺维丝案件发生地的纽约市是一个忙碌、拥挤又文化多元的大都市，人们行色匆匆，面对大量的干扰，而且城市里什么文化的人都有，各有各的行为特色和文化习惯。

在这样一个闹哄哄、乱糟糟、规范繁杂的地方，假设你在一条繁忙的街道上遇到一个跛脚走路的人，他看起来很痛苦。你应该怎么办？贸然上去提供帮助吗？你怎么知道那不是一种行为艺术，或者是不是电视台的整蛊游戏？提供帮助在对方的文化里是不是一种冒犯？

---

[1] Latané B, Rodin J. A Lady in Distress: Inhibiting Effects of Friends and Strangers on Bystander Intervention[J]. Journal of Experimental Social Psychology, 1969, 5 (2): 189-202.
Fischer P, Krueger J I, Greitemeyer T, et al. The Bystander-Effect: A Meta-Analytic Review on Bystander Intervention in Dangerous and Non-Dangerous Emergencies[J]. Psychological Bulletin, 2011, 137 (4): 517.
[2] Darley J M, Latané B. Bystander Intervention in Emergencies: Diffusion of Responsibility[J]. Journal of Personality and Social Psychology, 1968, 8 (4p1): 377.
[3] 艾略特·阿伦森，乔舒亚·阿伦森. 社会性动物（第12版）[M]. 上海：华东师范大学出版社，2020: 89-124.

那你应该怎么办呢？你的最佳选择就是从众。你观察周围，结果发现很多人从这个人身边走过，瞥了他一眼之后继续赶路。经过这番观察，你很可能会下结论：其他人可能掌握了你不知道的信息，既然他们都不干预，那么也许这个人的情况并不严重，也许这人是附近有名的酒鬼，只是喝醉了而已。于是，你决定随大流，加入冷漠旁观者的行列。

在这个情境里，我们并不是知道何为正确的作为而选择不作为，而是的确不知道该如何应对当前的局面。这时候，最合理的选择就是从众。我们用从众来向别人学习正确的反应方式。

这其实是一种很有效地保障生存的机制[1]。如果你走在大草原上，看见一群人朝你这边跑过来，你是先停下来发挥独立思考的精神，推测一下他们为什么跑，还是立即跟着他们跑起来，能跑多快就跑多快？当然是能跑多快跑多快。等大家都停下来了，再问他们是看见了狮子还是豹子也不迟。

当然，这样的从众也会造成不好的结果。如果别人掌握的信息也是错的，你就从别人那里复制了同样错误的行为。尤其是如果有人真的需要帮助，而旁观者效应又让我们袖手旁观，我们的从众行为就有可能造成不可挽回的伤害。

---

[1] Coultas C, Leeuwen C. Conformity: Definitions, Types, and Evolutionary Grounding[M]//Evolutionary Perspectives on Social Psychology. Cham: Springer, 2015: 189–202.

启发与应用：缓解人众无知与旁观者效应

虽然以上内容主要是为从众行为平反，但我们也不可忽视从众引发的问题。我们有办法缓解人众无知和旁观者效应吗？

想要缓解因为害怕自己成为异类而不敢发表见解的人众无知局面，我们可以尝试以下几种方法[1]：

1. 在讨论问题时设置一个匿名发表建议的环节，允许大家在不暴露身份的前提下发表意见。

2. 增加群体的多样性。有研究发现，如果讨论问题的小组成员身份比较多样，他们最后达成的统一意见就会比较客观[2]。

3. 要有"带头大哥"。在那个判断线段长短的实验里，研究者后来又增加了一个实验条件：在受试者回答问题之前，有一个"托"首先站出来坚持自己的判断。结果，只要有一个人站在自己这边，就几乎没有受试者选择从众了。其实就算没有"带头大哥"，我们也可以自己安排一个。很多公司开会时会指定一个"找碴小组"专门提出反

---

[1] 艾略特·阿伦森，乔舒亚·阿伦森. 社会性动物（第12版）［M］. 上海：华东师范大学出版社，2020：89-124.
[2] Gaither S E, Apfelbaum E P, Birnbaum H J, et al. Mere Membership in Racially Diverse Groups Reduces Conformity[J]. Social Psychological and Personality Science, 2018, 9（4）：402-410.

对意见，有他们在，少数派的意见就比较容易表达出来了。

以下是关于如何应对旁观者效应的建议：

1. 我们应该扩散旁观者效应这个知识，越多人知道人们倾向在旁观者众多时不出手，也就会有越多人选择出手。

2. 在可能的条件下，明确责任。

3. 我们其实不必过分担心旁观者效应这个问题。其实有证据[1]表明，在不怎么危急的情境中，旁观者效应确实存在，因为这时人们最顾忌的是出手帮忙会给自己添麻烦。但在危急的情况下，越多人在场，反而越可能有人站出来。这又是为什么？也许是为了追求声誉，因为有大批观众在场，就代表会有很多人见证英雄之举——我不出手谁出手，谁让我永远是光荣、伟大、正确的呢？

扩展阅读

艾略特·阿伦森, 乔舒亚·阿伦森, 《社会性动物》（第12版），华东师范大学出版社，2020年

推荐理由：著名社会心理学家艾略特·阿伦森代表作，社会心理学优质入门读物。

---

[1] Fischer P, Krueger J I, Greitemeyer T, et al. The Bystander-Effect: A Meta-Analytic Review on Bystander Intervention in Dangerous and Non-Dangerous Emergencies[J]. Psychological Bulletin, 2011, 137 (4)：517.

原理24 破解囚徒困境，建立合作
——合作关系如何建立

群体生活的核心主题是合作。这一节，我们来谈谈人的合作心理。

合作，其实是一场关于信任与背叛的游戏。合作的困难在于，如果合作关系里的一些人选择损人利己，牺牲别人的利益来满足自己，合作关系就会面临崩溃。所以合作的关键是相互信任，是合作关系里的每个人在不损人利己的同时也相信其他人不会损人利己。

建立信任、防范背叛，从而建立起合作关系，其实是一项非常艰巨的任务，是很不容易达到的目标。因为人与人的互动中始终存在一种阻碍合作的基本困局，那就是**囚徒困境**。建立合作关系的核心问题其实就是如何破解囚徒困境。

> **破解囚徒困境，建立合作**
>
> 在囚徒困境中，博弈双方基于理性选择而相互背叛，从而瓦解了合作关系。通过"变单次博弈为多次博弈""增大背叛的成本预期"以及利用"部落心态"等方法，囚徒困境能在一定程度上被破解，合作得以建立。

接下来我们先简单了解囚徒困境的原理，然后在此基础上谈谈破解囚徒困境从而建立合作关系的几种方法和思路。

囚徒困境

可以用一个假设的情景来理解囚徒困境：大柱和铁蛋两个人一起犯了一个案子，被警察抓了起来。他们被隔开，分别审问，彼此之间不能互相沟通。

如果两个人相互信任，选择合作，都不揭发对方，那么由于证据不足，他们都只需要坐牢一年；如果大柱揭发铁蛋，而铁蛋却很仗义，选择不揭发大柱，那么背叛朋友的大柱因为揭发有功，可以立即获释；而更讲义气的铁蛋却会因为大柱的揭发以及自己拒不合作的态度而被判重罪，入狱十年。叛徒占了大便宜，而选择合作的老实人却会吃大亏。

如果两人都当叛徒，互相揭发呢？那么因为证据确凿，大柱和铁蛋都要坐牢，不过由于两个人都配合调查，所以他们都被判得比最重的刑罚轻一点——坐牢五年。

显然，站在上帝视角来看，如果两个人都不背叛对方，结果对他俩都最有利——只需要坐牢一年。也就是说，合作才是共赢的。但由于两个人没法保证对方不背叛自己，所以一旦自己当了老实人而对方出卖自己，那自己就吃了大亏；反过来，如果自己出卖对方而对方当了老实人，自己就占了大便宜。所以当我们从上帝视角切换到大柱和铁蛋这两个囚徒的个人视角，最理性的决策就变成了——无论如何都应该出卖对方。

这就是一种"困境"：明明每个人基于自己的立场都做出了最理性的选择，可是最理性的选择却没法换来对每个人来说最有利的结果。两个囚徒非常理性地拒绝了合作共赢，为自己"争取"到了五年牢饭。

现实中很多合作场景中遇到的困境——从日常的到极端的，本质上都类似囚徒困境：做生意时，你怎么保证合作方不会卷了你的钱货跑路？战场上冲锋时，你怎么保证别人不是躲在你后面把你当肉盾？这些其实都是"老实人"和"叛徒"之间的博弈，都是囚徒困境。

这几年我们常说的"内卷"其实也是一种囚徒困境。比如教育的内卷。家长拼命给孩子报各种培训班，孩子和家长身心俱疲，整个社会也为此投入大量的人力和财力资源。但最后到高考时横向比较，孩子在竞争者中所处的相对位置可能根本就没有任何改变。从最后的结果来看，那些额外的教育投入都是无效的资源浪费。

站在上帝视角来看，最合理的选择应该是全国家长都不给孩子报班，只完成学校学业，最后相互比较的结果不会跟大家都上培训班有太大差别。但切换到每个家长的视角来看，他们的处境跟大柱、铁蛋如出一辙：我可以当老实人，不报班，但我没法保证其他家长都是老实人。一旦有人"偷跑"，给孩子报班，那我家孩子就吃亏了。反过来，我自己"偷跑"，我的孩子就可能领先。所以对于家长来说，最理性的决策就是必须给孩子报班，哪怕他们心里清楚，这给孩子和自己带来的只有痛苦。家长们就这样你卷我、我卷你，非常理性地为自己"争取"到了不堪重负的教育投入。

那么，我们该如何破解囚徒困境？

破解囚徒困境1：变单次博弈为多次博弈

比较彻底的解决方法是把囚徒之间的单次博弈转变为多次博弈。如果博弈只发生一次，那么大柱和铁蛋的理性策略就都是选择背叛。但如果大柱和铁蛋不是只交锋一回，而是连续交锋500回呢？局面就会发生彻底的转变。

几轮博弈之后，老实人铁蛋就会发现，他其实可以使用一种很简单的策略让大柱老老实实合作，不敢再背叛自己，这种策略就是"一报还一报"（tit for tat）。科学家已经在很多模拟和真实的实验场景里证明，"一报还一报"是囚徒困境的克星[1]。

"一报还一报"策略就是在多轮博弈开始时，老实人铁蛋先释放善意，选择合作，如果大柱也合作，那么皆大欢喜，两个人继续合作。但如果大柱选择背叛，那么老实人铁蛋立刻翻脸，在下一轮也选择背叛，直到大柱被铁蛋的复仇打得肉疼，重新选择合作。而一旦大柱重新选择合作，铁蛋就既往不咎，继续合作。

也就是说，铁蛋除了在一开始先选择合作，后来其实一直在复制大柱的策略，这就是"一报还一报"。只要铁蛋坚持一报还一报，多轮博弈过后，大柱多半就会老老实实地选择继续合作。这样一来，稳定的合作关系就建立起来了。

"一报还一报"为什么能约束背叛者？道理不难理解。采用"一报还一报"策略的铁蛋其实释放了这样的信号："我是一个欢迎合作的人，但与此同时，我也是一个坚定的复仇者。我宁可与你同归于尽，也要惩罚你的背叛行为，所以别想从我这里占便宜。"如果你遇上这样一个对手，你会选择合作还是背叛？

"一报还一报"并不是一种很难想明白的策略，在现实的合作场景中也被广泛使用，所以一个人只要在合作的一开始就释放出"我要跟你玩的是多次博弈，我不会玩一次就跑路"的信号，就会大大增进

---

[1] 阿克塞尔罗德. 合作的进化（修订版）[M]. 上海：上海人民出版社，2007.
Rand D G, Ohtsuki H, Nowak M A. Direct Reciprocity With Costly Punishment: Generous Tit-For-Tat Prevails[J]. Journal of Theoretical Biology, 2009, 256（1）：45-57.

他人的信任。商家开店时花费巨资把门面装修得富丽堂皇，释放出的其实就是这种信号："我在这儿砸了这么多钱，我是不会跑路的。所以尽管拿'一报还一报'招呼我吧。"

把单次博弈变成多次博弈，配合"一报还一报"策略，就可以比较彻底地解决囚徒困境。可问题是，有很多合作困境是没法转变成多次博弈的，比如教育内卷。教育是一个需要持续投入十几年，无法存档、无法重来、一把定胜负的"养成游戏"。每个"玩家"只能玩一回，无法进行多次博弈。职场中的内卷也类似，你不接受"996（工作时间早上9点到晚上9点，每周工作6天）"，会有其他竞争者接受，你的对手是全国范围内成千上万的竞争者，你不是与一群固定的对手进行持续博弈。每一份工作、每一次选择要不要接受"996"，我们都是在玩新一轮单次博弈。

那么，有没有办法破解单次博弈的囚徒困境呢？我们来看两种思路。

破解囚徒困境2：增大背叛的成本预期

应对单次博弈中的背叛问题的一种思路，是在博弈开始前增大背叛的成本预期，提前让背叛者预感到背叛的成本太高，根本不划算。

在单次博弈的囚徒困境里，之所以大家会优先选择背叛，是因为在大家的预期中，背叛是更划算的选择。因此，提前改变这种预期，就可以约束背叛者的行为。

改变预期的方法是向潜在的背叛者发出可信的威慑信号，让那些人提前知道，如果背叛就要付出巨大的代价。这样，他们就不敢不老老实实地选择合作了。

假如在嫌疑犯受审的场景里，大柱和铁蛋这两个嫌疑犯是黑帮成员，而那个帮派有一条帮规"出卖同伴者死"——谁敢出卖同伴，就要被执行家法。而且这个帮派的老大就是以严格执行帮规而江湖闻名的。如果有这样一条帮规和这样一个老大在，局面会变成什么样呢？我想，八成那两个嫌疑犯都会选择沉默，不出卖对方。提前威慑改变了合作和背叛的性价比，于是囚徒困境就被化解了。

在上述例子里，最关键的一个因素其实是黑帮老大的**声望**。正是因为老大有严惩背叛者的名声，大柱和铁蛋才不敢背叛。西汉名将陈汤曾经说过一句牛气冲天的话："明犯强汉者，虽远必诛！"其实，陈汤这句话是接在另一句话后面的："宜悬头槁街蛮夷邸间，以示万里（应该把砍下的头悬挂在蛮夷居住的槁街，以让方圆万里之内的人看到我们的决心）。"这其实就是树立复仇者的声望。

破解囚徒困境3：利用部落心态

缓解单次囚徒困境的另一种思路是加强沟通。

美国心理学家罗宾·道斯（Robyn Dawes）做过这样一个实验[1]——

---

[1] Dawes R M. Social Dilemmas[J]. Annual Review of Psychology, 1980, 31（1）: 169-193.

假如你是那个实验的受试者，那么你会跟6个陌生人组成一个小组，每个人在一开始都会得到6元钱。你可以选择把这6元钱塞进自己腰包，也可以选择把它捐出去。如果捐出去，那么研究者会把它翻倍然后平分给其他6个人（你捐出的6元会变成12元平分给其他6个人，每人分到2元）。这样一来，如果参加实验的一组7个人都把钱捐出去，那么最后每个人都可以分得12元，也就是每个人最后拿到的钱都会翻倍。

可是，如果你选择不老实——只有你不捐钱，那么你反而可以占便宜，最后得到18元；反之，如果只有你老实地捐款，其他人一毛不拔，那么你就吃了大亏，一分钱也得不到。显然，这也是一种囚徒困境。

实验的结果是，大部分人都选择一毛不拔，大约只有30%参加实验的人会选择捐出自己的钱，剩下的70%选择不捐。这个结果完全在意料之中——毕竟在囚徒困境中，多数人会选择做叛徒。

但是在一次新的实验里，只要参加实验的7个人在开始分钱之前进行一次沟通，对捐钱和不捐钱的利弊做一番讨论，那么参加实验的人就会有80%选择捐钱。

这说明，只要事先有过沟通和交流，人们之间的信任感就会增强，因此囚徒困境中"老实人"的比例也就大大提高了。为什么沟通和交流能增加信任感呢？一个主要原因可能是，沟通和交流把陌生人变成了熟人，把潜在的敌人变成了"自己人"，而我们天生更信任"自己人"。

于是，缓解单次囚徒困境的第二个思路就呼之欲出了，那就是

"小即是美"——缩小群体的规模,把大群体变成"小部落",囚徒困境就会缓解。群体越小,群体内的人就越容易相互熟悉,这时他们也就更容易彼此信任,更容易做出老老实实的、不损人利己的决策。

启发与应用:难缠的囚徒困境

尽管我们给出了"增大背叛的成本预期"和利用"部落心态"这两种缓解单次博弈囚徒困境的思路,但说实话,单次博弈,尤其是教育内卷、职场内卷这样涉及成千上万受试者的单次博弈囚徒困境,是很难彻底破解的。我们不可能在这一节内容里给出教育内卷、职场内卷的解决之道,但我希望这些思路能给读者带去一些看待囚徒困境的不同视角,从而帮读者更深入地思索,在教育内卷、职场内卷这样的复杂局面中该如何自处。

扩展阅读

迈克尔·托马塞洛,《我们为什么要合作:先天与后天之争的新理论》,北京师范大学出版社,2017年

推荐理由:从进化的角度解释人类的合作心理,是本节内容的有益补充。

原理25 心智被文化塑造
——文化的影响

在群体心理这个主题的最后,我们来看文化心理。不同的群体会发展出各具特色的文化,文化又反过来塑造了群体中每个人的思想和行为。

我们的心智被文化深刻地塑造。文化的影响虽然强大,却不易被沉浸其中的人察觉,其影响通过文化比较才会显现出来。文化既是一种后天因素,也是一种先天因素:文化既可以为人们提供一个学习的氛围,通过长年累月地熏陶改变人们的行为,也可以形成一种选择压力,对基因进行筛选。

下面通过一些案例来分别说明以上特点。

> **心智被文化塑造**
>
> 心智被文化深刻地塑造。文化的影响虽然强大，却不易被沉浸于其中的人察觉，其影响可通过文化比较显现。文化既是一种后天因素，也是一种先天因素：文化既为人们提供了一个学习的氛围，通过长年累月的熏陶改变行为，也可以形成一种选择压力，对基因进行筛选。

文化的影响不易察觉

什么是文化（culture）？

提起文化，我们马上就会联想到各种文化习俗：端午节要吃粽子，春节要贴春联……这些是我们日常生活里说的文化。而科学家眼中的文化，内涵要丰富得多。除了生活习俗，文化也包括了能在人群中传播的所有知识、技能和生活方式。爷爷教我怎么贴春联，贴春联的习俗是文化；爸爸教我打猎，打猎技能也是文化；上大学后，导师培养我做科学研究，科学知识和科学方法也是文化。

不要把文化理解得太狭隘，但凡不是直接通过基因从上一代那里继承，而是靠人群的传播获得的知识、技能和生活方式，都是文化[1]。当然，在一个群体中，文化中某些特征的重要性可能会特别突出，所以有时候我们会把这些特征提炼出来，归纳成一种文化类型，比如下面会提到的**集体主义**（collectivism）文化和**个人主义**（individualism）文化。

虽然我们的心智被打上了文化的烙印，但我们并不总是能意识到文化的影响。我们从出生那一刻起就沉浸在文化氛围里，于是就像鱼儿感觉不到水的存在一样，我们也总是感觉不到文化对我们的影响有多强烈。

比如说，你是不是有"男生的数学能力比女生好"这样的印象？这个印象对吗？有些比较早期的研究似乎的确能印证这种印象。从小学开始，男生的数学普遍比女生好，虽然从平均分看，男女差异不算大，但差异却稳定地存在。

那我们能得出结论，认为男生天生就比女生更善于学习数学吗？并不能。2008年，有一组研究者在《科学》期刊上发表了一篇重磅论文[2]。他们在这项研究中考察了40个国家的数学成绩与性别平等之间的关系，其中的性别平等是用一系列指数加权得出的。在纳入考察的国家里，有性别平等水平非常高的国家（比如几个北欧国家），也有很低的国家，当然也有居于中段的（比如美国）。结果发现，性别平

---

[1] 关于"文化"定义的相关争议，参见：Sapolsky R M. Behave: The Biology of Humans at Our Best and Worst[M]. London: Penguin, 2017: 266-327.。
[2] Guiso L, Monte F, Sapienza P, et al. Culture, Gender, and Math[J]. Science, 2008, 320（5880）: 1164-1165.

等程度越高的国家,男生和女生数学成绩的差距就越小。北欧国家男女之间的数学成绩差距在统计上已经没有显著差别,而在世界上性别平等指数排名第一的国家冰岛,女生的数学成绩比男生还要好。

也就是说,我们本以为男性和女性在数学能力差异是先天的,但实际上它深受文化影响。很有可能是各地文化中对女生的某些偏见阻碍了女性在数学方面的表现。

鱼儿不小心搁浅在岸边,离开水的那一刻,它才意识到水有多重要。同样地,上述例子也让我们看到,我们只有跳出自己的文化,把自己的文化与另一种文化进行比较时,才会体会到自己的文化有多特别。所以,科学家研究文化对人的影响,往往把两种文化并排比较,从比较中看出差异。

文化差异:集体主义vs.个人主义

在今天的世界上,有两种文化类型各自影响了海量的人口,这两种文化类型各自也创造出了惊人的文化和经济成就;与此同时,它们彼此又有点针锋相对,这对欢喜冤家就是**集体主义文化**与**个人主义文化**。集体主义文化注重人与人之间的和谐、人与人之间的相互依存,强调以群体的需求来引导行为。最有代表性的集体主义文化就是包含中、日、韩等国在内的东亚儒家文化圈。相比之下,个人主义文化注重群体中每个人的自主性,注重个人成就和每个人的独特性,更强调个人的需求和权利而不是群体的利益。最具代表性的个人主义文化就是美国文化。

集体主义和个人主义文化中的个体相比，差别大吗？非常大。我们来看一些例子：

集体主义与个人主义文化中成长起来的两种人，在心智方面最核心的区别就是对自我的感知。如果请人画出自己的社会关系图（sociogram），用圆圈代表自己和朋友，圆圈之间用线条连接来表示自己的社群网络，那么一个美国人会倾向把代表自己的圆圈画在一张纸的正中央，而且这个圆是所有圆圈中最大的。而一个来自集体主义文化的人通常不会把代表自己的圆画在纸张的正中央，而且它也不会是圆圈中最大的那一个[1]。

在一项中美跨文化研究里，美国受试者看到"我"这个词以及与我相联系的社会关系词（比如"我妈妈"）的时候，大脑里激活的是两个不同的脑区；但中国的受试者看到"我"和"我妈妈"时，激活的却是同一个脑区[2]。这个结果暗示，在个人主义者看来，自我与他人的界限清晰；但在一个集体主义者看来，自我是溶解在社会关系里的，"我"和"与我十分亲近的人"之间并没有那么泾渭分明的分界线。

---

[1] Kitayama S, Park H, Sevincer A T, et al. A Cultural Task Analysis of Implicit Independence: Comparing North America, Western Europe, and East Asia[J]. Journal of Personality and Social Psychology, 2009, 97（2）: 236.
[2] 张力，周天罡，张剑，等. 寻找中国人的自我：一项fmri研究［J］. 中国科学：C辑，2005, 35（5）: 472-478.

个人主义者关注独立的自己，而集体主义者关注自己与他人之间的关系，这种区别体现在心理和行为的方方面面[1]。比如说，个人主义者介绍自己时，爱用体现个人性的描述，比如"我是个承包商"；而集体主义者会用关系性的描述，比如"我是某某的家长"。个人主义者回忆过去时，常常以自己经历的事件为重心，比如"我学会游泳的那个夏天"；而集体主义者会说"我们成为朋友的那个夏天"。在工作中，个人主义者奋斗的动力更多的是想赢过其他人，证明自己的优秀；而集体主义者奋斗的动力更多地来自不想落后于别人，想摆脱被集体孤立的恐惧。

是不是注重自己与他人的关系，这一点也塑造了两种文化中的道德观。这方面最为人津津乐道的一个差异是人类学家鲁思·本尼迪克特（Ruth Benedict）在研究日本文化的名著《菊与刀》里提出的。本尼迪克特认为，集体主义的东亚文化利用羞耻感来施行道德，而个人主义的西方文化利用的是罪恶感[2]。羞耻感来自群体的外在评价，是觉得愧对其他人的目光；而罪恶感则是一个人对自己的内在评价，是愧对自己内心的信仰。一个人如果感觉羞耻，会想要躲起来；而如果感觉罪恶，则会想要变得更好。当周围的人都指着你说"你不能再和我们生活在一起"时，你产生的是羞耻感；而当你问自己"我以后该

---

[1] 相关案例参见：Markus H R, Kitayama S. Culture and the Self: Implications for Cognition, Emotion, and Motivation[J]. Psychological Review, 1991, 98（2）: 224.。
[2] 本尼迪克特. 菊与刀 [M]. 北京：商务印书馆，1990.

怎么心安理得地活下去"时，你产生的则是罪恶感。

乍一看，个人主义的罪恶感好像比集体主义的羞耻感更有优势，因为罪恶感是一种自律。但其实，只靠罪恶感来约束道德根本不可靠，因为有不少作恶多端的人是冷血的精神变态人格，根本没有罪恶感[1]，对于这些人，外部施加的羞耻感反而可能更管用。

对关系的重视程度会影响道德观，这不奇怪。有点出人意料的是，这种差异还会影响到看起来跟社会生活没有直接关联的思维方式。在思维方式方面，集体主义者也更看重事物之间的关系，而个人主义者却更看重事物的内在性质。

比如有这样一个例子：

一只猴子、一只熊、一根香蕉——请问哪两个应该归为一类？

多数西方人会思考每个选项的内在性质，也就是它们各自属于什么类别。于是他们会把"猴子"和"熊"归为一类，因为两者都是动物；而多数东亚人会从关系的角度来思考，因而把"猴子"和"香蕉"归为一类，因为猴子吃香蕉，这两者之间有相互作用的关系[2]。

相信以上这些案例足够让你体会到我们的心理和行为是深受文化

---

[1] Justman S. The Guilt-Free Psychopath[J]. Philosophy, Psychiatry, & Psychology, 2021, 28（2）: 87-104.
[2] Nisbett R. The Geography of Thought: How Asians and Westerners Think Differently... and Why[M]. New York: Simon and Schuster, 2004.

影响的。也许在读到上面这些例子时，你已经发现自己的选择和反应很自然地跟研究中的集体主义者不谋而合，这些反应简直就像是天经地义的。可一旦和个人主义者的选择对比，我们就会发现自己的行为其实被打上了深刻的文化烙印。

下一个问题是：文化是以什么样的途径来塑造我们的行为的呢？更具体地说，文化是一种后天因素还是一种先天因素？

文化改变基因

你可能以为，文化只不过为人们提供了一个后天的学习氛围，我们出生之后沉浸在文化的氛围里，被文化长年累月地熏陶，于是养成了前面说的那些行为方式和思维习惯。这当然没错，文化的确就是一种学习氛围，我们沉浸其中，主动地从中学习，也被动地受它影响。文化的确是一个塑造我们的后天因素。但很多人可能想不到的是，文化实际上也是一个先天因素，它居然是会改变基因的。还记得在介绍"基因与环境粗细相佐"一节里，我们提到过的DRD4-7R基因吗？

DRD4基因有很多变体，拥有DRD4-7R这个基因变体的人小时候更容易受到养育环境的影响，而总体上他们表现出来的行为特点是更冲动、更喜欢寻求刺激、注意力更分散、更爱冒险。换句话说，拥有DRD4-7R基因的人是一群不循规蹈矩、爱冒险、爱探索的"冒险家"。

DRD4-7R基因在世界各地的分布有一个让人惊讶的特点[1]。DRD4-7R基因在人群中分布的总体趋势是这样的：从人类发源地非洲出发，迁徙到人群现在的栖息地所经过的路程越遥远，该人群中携带DRD4-7R的比率就越高。在欧洲和中东的人群里，DRD4-7R基因的携带率大约是10%~25%。而从非洲出发跑了最遥远距离、一路跑到南美洲亚马孙盆地的当地土著人，他们身上的DRD4-7R基因携带率大约是70%，居世界之冠。可以说，高DRD4-7R基因携带率记录下了人类祖先伟大的迁徙，这背后的含义也不难推测：拥有DRD4-7R基因的人是一群不安分的"冒险家"，可以想象得到，这群人的身影多半会出现在人类祖先迁徙队伍的最前端。

　　但在这幅7R基因分布的大图景中，有一个区域显得特别诡异，那就是包括中国、柬埔寨、日本等国家和地区在内的东亚地区。这个地区人群的7R携带率是多少呢？几乎为零！

　　在东亚这个最典型的集体主义文化中，7R基因几乎完全失踪了。如果携带7R基因的人曾经在这片土地上出现过，那么后来他们去了哪里？虽然我们已经难以追究细节，但几乎可以肯定，他们被集体主义文化筛选掉了。集体主义文化要求整齐划一，而这群不够安分的7R基因拥有者显然就成了格格不入的异类。他们要么主动离开，踏上新的

---

[1] Ding Y C, Chi H C, Grady D L, et al. Evidence of Positive Selection Acting at the Human Dopamine Receptor D4 Gene Locus[J]. Proceedings of the National Academy of Sciences, 2002, 99（1）: 309-314.

征程，要么因为找不到伴侣没有留下后代。总之，在集体主义文化这种选择压力下，7R基因被无情淘汰了。

我们还剩下最后一个问题：为什么不同地区的人群会发展出不同的文化呢？塑造文化的最关键力量是一个地区的维生方式：一个地区的人是靠什么方式活下来的，当地就会产生相应的文化与之配套。在东亚，人们主要靠种植水稻存活。在大约1万年前，水稻在东亚被驯化，而种植水稻需要大量的集体劳动。除了"种植和收获工作极其繁重，经常需要整村的劳动力集体合作"这一因素，更重要的是，要种植水稻，还需要大量的集体劳动来改造生态系统，比如把山丘改造成梯田，以及建设灌溉系统。

这种大量人口集体协作的生存方式催生出了以集体为先的文化。就这样，生态制约了生存方式，生存方式催生相应的文化，最后文化又塑造了心智。

我们的人性，至少有一部分来自脚下的这片土地。我们的灵魂里烙下了土地的气息。

启发与应用：超越文化的视野

"心智被文化塑造"这个原理提醒我们：很多我们眼中的"天经地义"，很可能并没有那么"天经地义"；某些我们眼中不言自明的普世原则，也许只是一种文化特例。因此，如有可能，我们要培养一种超越文化的视野，只有超越文化，才能更深刻地理解文化。

扩展阅读

约翰·W. 贝理，伊普·H. 普尔廷戈，西格·M. 布雷戈尔曼斯等，《跨文化心理学：研究与应用》（第3版），北京师范大学出版社，2020年

推荐理由：跨文化心理学经典教材。

第七章

原理之上：心理学家的思维方式

用心理学家的眼睛看世界。

限制条件很重要
——如何正确理解和利用心理学知识

心理学中25个最核心的基础原理已全部介绍完毕。在这最后一章里，我们要从具体的心理学知识层面再往上走一层，来到"原理之上"，谈一谈我们该如何理解和利用心理学知识，以及如何发现心理学知识。换句话说，在这一章里，我们要了解心理学的一些思维方式，并体验如何用心理学家的眼睛看世界。

本节中，我们先来谈一谈**如何正确理解和利用心理学知识**。

韩寒在电影《后会无期》里写过一句广为人知的台词："听过很多道理，依然过不好这一生。"这句金句后来偶尔被人借用来调侃心理学，因为有不少人发现，如果读完一本心理学科普书或者学到一些心理学知识之后就迫不及待地把这些知识当作行动指南，用它们来指导生活，那我们多半会失望。我们很快就发现：

明明好像学了很多心理学知识，依然过不好这一生。

那些在纸面上看起来很有道理的心理学知识，很多时候一落实到生活里，好像就没什么用了。这是怎么回事？我们从一个案例说起。

案例1：专心快乐还是走神快乐

请思考一个问题：你觉得是分心做事、一心两用更开心，还是专心做事更开心？

2010年发表在权威期刊《科学》上的一项研究专门考察了这个问题[1]。研究的参与者是来自83个国家的5000多名受试者。他们的手机上安装了一款研究者开发的App。在一段时间里，研究者不定期地通过这款App给受试者发通知。受试者一旦收到通知，就要立即回答两个问题：

1. 他们当时正在做的事情和脑子里想的是不是同一件事；
2. 他们要迅速评估一下自己开不开心。

对第一个问题，研究得到的结果是：46.9%的人正在想的事情与正

---

[1] Killingsworth M A, Gilbert D T. A Wandering Mind Is An Unhappy Mind[J]. Science, 2010, 330 (6006): 932-932.

在做的事情无关。也就是说，接到通知时，接近一半的人正在分心、走神、做白日梦。

而对第二个问题的回答显示：就算白日梦的内容是一些让人开心的事情，这些受试者的愉悦感也不如集中精神专心做事的时候强。

根据这个结果，研究者得出的大致结论是：**虽然人们经常走神，但是专心做事比边走神边做事更开心。**

既然这样一篇发表在国际顶级期刊上的论文告诉我们专心做事最开心，那我们是不是就可以把这个结论当作金科玉律来指导人生了呢？是不是说，幸福人生就等于"专心致志不分心"呢？

启示：限制条件很关键

恐怕不能下这样的结论。人性复杂多变，只要内外部环境里的任何一个看上去微不足道的因素改变，人的心理和行为就可能发生巨变。影响人心的因素实在太多了，你当前的身体状态，周围的温度和气候，耳边听到的一句暗示，几秒前眼前闪过的一个单词，几分钟前手机上看到的一条信息，过去几个星期以来的健康状况、激素水平、生理周期，你接受的学校教育，你成长的家庭环境，你在子宫里的营养状况，你的基因组合，你所处的文化……这一切的任何一个微小细节，都可能影响你当下的一个反应、一个选择、一个判断。没有一项心理学研究可以或者应该把所有这些因素都纳入考量的范围。

心理学家在每一项研究里只能针对其中的几个因素展开研究。也就是说，心理学家要大大简化环境的复杂度。在任何一项研究里，他们只能考察人们在某时、某地的特定场景和状态中的表现。

因此，心理学家得出的结论其实附带着很强的**限制条件**。在上面那个研究里，可能的限制条件有很多。

比如，受试者是在"什么时候"评估情绪，可能就是一个能扭转实验结果的限制条件。在上述实验里，研究者让受试者收到通知时立刻评估情绪，得到的是受试者当下的情绪。那么如果改成在当天晚上受试者临睡觉前回忆当时的情绪呢？得到的结果可能就很不一样了。一旦拉长时间维度，情况就复杂得多了。比方说，临睡觉时，我们回想一整天做过的事，可能会想道："今天本来计划做很多事，但最后没有足够的时间把它们都做完。如果刚才做饭的时候把那本一直想看的书听了，那我现在可能会开心得多。"

在时间不够用的情况下，虽然专心做事的当下，"我"的幸福感可能是上升的，但因为没有一心二用，有些事情来不及做完，于是"我"在事后就特别焦虑。而如果分心做事，那么在做事的当下幸福感的确没那么高，但"我"却可能因为在紧迫的时间里做了更多的事而在回忆时感觉心满意足，或者至少没那么焦虑。

我没有做实验验证过上述可能性，但这种可能性是存在的。那么，我们还能抛开限制条件，简单地说"专心做事更开心"吗？显然不能。"立即评估情绪"时，专心做事更开心，但"事后评估情绪"时，结论可能就要改写了。

再比如，如果那件分心的事情特别让人开心，又会发生什么？

我自己很喜欢一边做饭一边听音乐，正在炒菜的时候，如果耳边飘来一段激昂的旋律，我会一下子觉得自己炒菜炒出了史诗感。这等于是用美好的白日梦把做"正事"的辛苦和痛苦程度降低了，怎么会不让人愉悦呢？所以，那些让我们分心的事情带着什么属性，也是一个可能的限制条件。如果研究者在上述实验里把那些让人分心的白日梦分门别类，那他们可能也会发现，不同类型的白日梦对幸福感的影响是截然不同的。

所以，就算我们学到的不是伪心理学知识，而是最规范、最权威的心理学科研成果，我们也不能不假思索地用它们来指导人生。

这就是心理学实验结果的特点，也是很多有社会科学属性的学科共有的特点——**研究得出的结论往往只在某时、某地、某个场景下成立，它们不一定是放诸四海皆准的定理。**

所以，并不是我们平时读过的那些心理学知识没有什么用，很有可能是我们没有在附带的限制条件下运用它们。如果只是知道了很多心理学道理却不知道它们附带的限制条件，那当然还是过不好这一生的。

所以，**限制条件很重要**。我读到一段心理学结论时，总要在心里问一句：**这个结论成立的限制条件是什么？**

如果实验是美国受试者参与的，那么换到中国的文化背景里是不是成立？文化背景是不是一个限制条件？

如果参与实验的是成年人，那么要用这个实验揭示的心理规律来校正我七岁女儿的行为，是不是就要特别小心，年龄是不是一个限制条件？

这样的思考十分必要，因为它帮助我们厘清了心理学知识点的适用边界。

案例2：《习惯的力量》vs.《哪来的天才》

这种关于限制条件的思考，其实也是学习科学知识的一大乐趣——因为我们可以通过限制条件这个视角，跟科学家和科普作家玩智力游戏。

举个例子，市面上有这样两本心理学科普书：一本叫《习惯的力量》[1]，另一本叫《哪来的天才》[2]。我简单粗暴地归纳一下这两本书的主题（未必完全精准）：《习惯的力量》这本书认为，卓越源自人的习惯，**培养习惯最重要**；而《哪来的天才》认为，卓越源自打破习惯的刻意练习，时刻**打破习惯最重要**。

这两本书同样都拿体育比赛当案例。《习惯的力量》提到，美国有一支橄榄球队之所以成绩特别好，是因为队员打球时都按照平时训练时养成的习惯动作来反应；而《哪来的天才》则说，打高尔夫球的

---

[1] 杜希格. 习惯的力量：为什么我们这样生活，那样工作？[M]. 中信出版社，2013.
[2] 科尔文. 哪来的天才？：练习中的平凡与伟大 [M]. 中信出版社，2009.

泰格·伍兹之所以那么厉害，就是因为他每次挥杆击球都能打破自己的习惯，从来不让自己服从于习惯动作，舒舒服服地打球。

看到这里，读者是不是已经愣住了？这两本书从观点到案例，看起来好像都正好矛盾，而且还各自有理论和案例支持。怎么办，听谁的？到底谁对谁错？

很有可能，两本书都没有错，只是它们都没有明确指出自己观点的限制条件是什么。"依照习惯办事"和"打破习惯办事"，可能各自有它们起作用的边界，各自有它们成立的限制条件。

这时候，读者就可以充分调动自己的聪明才智，帮这两位作者把观点的适用范围和限制条件找出来。

我们可以思考：

是不是橄榄球和高尔夫球这两种运动其实代表了两种不同类型的问题，而解决这两种问题正好需要不同的手段？

是不是一般的橄榄球运动员按照习惯行事就可以拿到95分，而真正顶尖的运动员想要拿到100分，还是得跟泰格·伍兹一样时刻打破习惯？

我们可以做很多这样的思考。而且有过这种思考之后，我们才更有把握将学到的心理学知识用在正确的限制条件里。

小结一下：当我们学到一个心理学知识点时，思考它的限制条件非常重要。带着这种思考去阅读心理学科普书、听心理学课程、了解心理学新知，在这个过程里，你就很有可能会发现，自己超越了提供知识的那位作者或科学家的视野。你会说："你写的东西有道理，但我知道它们在什么时候才有道理。"

而且，如果有过这种思考，你也就更有把握将学到的心理学知识用在正确的条件下。这样一来，你就不会感叹在听过很多心理学道理之后仍然过不好这一生了。

先问"是不是",再问"为什么"
——如何通过提问深入问题核心

上一节,我们探讨了该如何理解科学家已经得出结论的心理学知识。接下来这两节,我们来探讨自己该如何发现和检验心理学知识。

这最后两节内容是我自己从事心理学学习、科研和教学活动以来学到和感悟到的两种重要的思维技巧和思维习惯。这两种思维方式本来是服务于科学研究的,但我觉得把它们用在日常的思考里也很有价值。借助这些方法来帮助我们思考一些难解的日常问题,也许就能让人豁然开朗。

科学家做研究,笼统地来说无非分成两步走:发现问题,然后验证问题。这一节,我将要介绍心理学教会我的第一种思维方式——先问"是不是",再问"为什么"。它是关于如何提出问题、发现问题的。

先问"是不是",再问"为什么"

你可能会说,先问"是不是",再问"为什么"难道不是"知乎"上一条不成文的守则吗?

没错。在"知乎"上,你如果一上来就问一件事"为什么"的话,很多人就会提醒你得先问"是不是"。而我是在当年学习心理学的过程中领悟到同样的道理的。我发现,"先问是不是,再问为什么"这种思维方式对思考自己遇到的学术问题非常有用。

比如,做心理学研究时,研究的出发点往往是一些从日常生活里萌发的"为什么":

为什么中国人开车时那么容易发怒?
为什么有那么多人粉流量明星?

但在问完"为什么"之后,我们并不能立即着手调研、做实验,因为这些"为什么"也许并不是真正值得研究的问题。只有当我们追问一系列的"是不是"之后,那个真正有价值的问题才会浮出水面。

下面我们来具体说说,"是不是"到底该怎么问,里面有哪些门道。

培养先问"是不是"的习惯

先问"是不是"当然是个非常好的思维习惯，如果"是不是"不成立，那当然就没有"为什么"了。道理特别简单，但真要养成先问"是不是"的思维习惯，却不是那么容易的。

举个例子，在网上，我们经常看到有人这么问：

为什么有那么多科学家信教？

很多人看到这个问题之后，脑中蹦出的第一反应一定是："对啊，为什么呢？"然后他可能会回想起在美国留学时遇到的不少大学老师的确有宗教信仰，而他们同时也是一流的科学家。这是为什么？好让人费解。

你看，我们会自然地顺着提问者预设的框架去思考，不容易跳出来思考问题本身包含的信息是不是成立。所以，先问"是不是"再问"为什么"的思维方式，是需要刻意练习一段时间才会慢慢变成习惯的。

当这个习惯养成之后，下一个问题就是：这个"是不是"到底该怎么问呢？

我认为可以分两步。

第一步：猜意图

你首先要问的"是不是"，很有可能并没有包含在问题中，而是隐藏在提问者的意图里。

"为什么有那么多科学家信教？"——提问者为什么要问这个问题？是什么驱使他产生这样的疑问？我觉得，显然是因为提问者认为科学和宗教是**相互矛盾**、**相互排斥**的。既然科学和宗教本来不应该兼容，科学家信教就显得特别不合情理。这就是提问者的意图。

那么，我们要问的第一个"是不是"，就应该是：

科学和宗教到底是不是相互排斥、不兼容的呢？

如果你发现自己对这个"是不是"很感兴趣，就可以着手调研了。你可以去找介绍科学史和宗教史的书籍，查查宗教和科学发生冲突的细节，看看它们到底有多不兼容，在哪些方面不兼容，在哪些方面又相处得挺融洽。

也许问完这个"是不是"之后，你对最初的那个问题就有答案了。因为你可能发现，宗教和科学在很多方面可以融洽相处，所以科学家信教没什么不好理解的。当然更有可能的是，你的疑问更多了，于是你接着探寻答案。

这时候，除了原来那个"为什么"，你脑中会出现更多的"为什么"，比如：

宗教和科学的力量对比会因为什么因素此消彼长？
为什么它们在这里兼容，在那里不兼容？

这就是第一步——猜意图。它帮我们挖掘出问题里的隐藏信息。

第二步：拆句法

第二步，我们可以仔细地看一看这个问题本身了。怎样仔细地看问题呢？我自己的方法是：**拆解问句，逐词分析**。也就是一个词一个词地问"是不是"。

还是以"为什么有那么多科学家信教？"为例。

第一个词：有那么多。

我们要问：

是不是真的有那么多？有多少算多？

如果你对这个"是不是"感兴趣，那么你又可以开始调研了。你要查查有没有数据统计过科学家信教的比例。

第二个词：科学家。

对"科学家"这个词，可以问出来的"是不是"就太多了。比如：

是不是不同学科的科学家信教比例都一样？
什么学科的科学家更容易信教？是社会科学家，还是自然科学家？
如果是社会科学家更多，为什么？
如果是自然科学家更多，又是为什么？

再比如：

是不是不同水平的科学家信教比例也都一样？
大学讲师、副教授和教授相比，信教比例一样吗？如果讲师的信教比例更高，是为什么？如果教授更高，又说明什么？

第三个词：信。

是不是每个星期天去教堂就算信？还是得张口闭口都是上帝才算信？

对同一种宗教，科学家和非科学家的信仰方式真的一样吗？

第四个词：教。

科学家相信的，是不是一般人相信的那些宗教？

他们有什么特别的偏好吗？

他们信的宗教，教义有什么共同点？

好。到这里，我们就把这个问题逐词拆解了。用这种拆句法一步步地追问"是不是"，简单的一个问题就被拆解成了一系列细节丰富得多的子问题。这些子问题会带来新的"是不是"和新的"为什么"。

每追问一次，你对这个问题的理解就会愈加深刻。于是，你再也不是被提问者牵着鼻子走了，你在独立思考这个问题了。

比较思维

——好不好、有没有效,是比较出来的

上一节介绍了心理学教会我的第一种思维方式——先问"是不是",再问"为什么",它一般运用在科学研究的第一步"发现问题"中。这一节,我们来看心理学教会我的第二种重要的思维方式——比较思维。它通常被运用在科学研究的第二步——"验证问题"中。

最小变化的平行宇宙

什么是"比较思维"?它是指,当我们评价一件事情产生的效果好不好,一种操作到底有没有效的时候,其实都是拿它与一个对照条件相互比较出来的。

跟什么对照条件比呢?是跟"最小变化的平行宇宙"比较。"最小变化的平行宇宙"是我自己杜撰出来的词,灵感来自好莱坞黄金年代的经典影片《生活多美好》（It's a Wonderful Life）。电影里有这样一个情节让人印象深刻：

> 男主人公把生活搞得一团糟，准备自杀，这时候他的守护天使降临人间，把他救了下来。
>
> 天使问男主人公："你是不是觉得自己如果死了，会让大家更幸福？"
>
> 男主人公说："是啊，我真希望自己从来没有存在过。"
>
> 天使一听，灵机一动，说："那我就满足你的这个愿望吧。"
>
> 于是，天使施了魔法，把男主人公带到一个把他从世界上抹掉的"平行宇宙"里。在这儿，他的亲人、朋友都在，但是唯独他自己从来没有存在过，没有人记得他。
>
> 男主人公发现，在这个平行宇宙里，因为没有他的存在，他的亲人和朋友反而过得更糟了。于是他醍醐灌顶，重新发现了自己存在的价值和生活的美好。

我说的"最小变化的平行宇宙"，灵感就来自这里。如何证明男主人公的存在让世界变得更美好？最能说明问题的方法就是天使的这招：把**"男主人公存在的宇宙"**跟**"最小变化的平行宇宙"**放在一起做对比。"最小变化的平行宇宙"唯独把"男主人公存在"这个我们想要验证的因素去掉了，其他所有因素则都保持不变。

如果"最小变化的平行宇宙"里,情况变好了,那么男主人公的确就是一个祸害,该死;如果那里的情况变糟了,就说明男主人公的存在其实让世界变得更美好了。

找到"最小变化"很关键

其中最关键的就是"最小变化"这四个字。要证明男主人公的存在让世界变得更美好,天使创造的"平行宇宙"就只能做**最小的改动**——只能把男主人公一个人抹掉。天使不能同时把男主人公的太太也抹掉,那样就不是最小变化了。如果同时抹掉了男主人公的太太,即使平行宇宙同样变糟了,也可能只是因为男主人公的太太是个好人。

这个逻辑本身非常简单明了,但真的用起来陷阱很多,很容易让人犯糊涂。我们来看一个例子:假设我几天前拍脑袋发明出一项叫"老魏快乐催眠法"的心理治疗技术,现在正到处推销这项技术,逢人便说:"我这个老魏快乐催眠法对治疗抑郁症有奇效,抑郁症病人来我这里治疗一下,病情立马改善。"那么,我怎么让别人相信这个"老魏快乐催眠法"对治疗抑郁症真的有效呢?

我有以下几种理由。请你判断一下,哪一种能说服你。

平行宇宙版本1

我提出的第一种理由是:"你看,一个星期前,我这里有10个抑郁症病人。在我这里治疗了一周后,现在有8个人好转了。80%的好转率哦,是不是证明我的快乐催眠法很有效?"

你觉得这个理由能说服你吗?要判断说服力高不高,就要看这个理由隐含的比较对象是不是"**最小变化的平行宇宙**"。

这里的原始宇宙是——病人被老魏快乐催眠法治疗一周之后的宇宙。

而平行宇宙是——**病人接受治疗之前的宇宙。**

这是不是"最小变化的平行宇宙"呢?显然不是。这个平行宇宙里,变化的因素除了被老魏快乐催眠法治疗过,还有很多。最明显的是,时间也被改变了。在一个宇宙里时间流逝了,而在另一个宇宙里没有。流逝的时间里可以发生很多事,未必是老魏快乐催眠法在起作用。比如说,在这一周里即使什么治疗也不做,有一部分病人也会自然好转。就像感冒,即使不吃药,一段时间后也会自然痊愈。时间本身就是一种治疗。所以,这两个宇宙的不同可能完全不是我的疗法导致的,而是病人自然痊愈了。

平行宇宙版本2

那么接下来我就把理由升级。我提出第二种理由:"我这里有20个抑郁症病人,其中10个治疗了一周,8个人好转;另外10个人每天来我的办公室看报纸、叠小飞机,这10个人里只有3个人好转。8比3,是不是能证明我的快乐催眠法有效呢?"

有没有效,还是得看是不是"最小变化的平行宇宙"。在这个升级的理由里:

原始宇宙仍然是——**病人被老魏快乐催眠法治疗了一周之后的宇宙**。

而平行宇宙变成了——**病人看报纸、叠小飞机度过一周之后的宇宙**。

这两个宇宙的时间点被调整到一致。那么,除了"老魏快乐催眠法"存不存在这个因素,两个宇宙还有别的不同吗?

至少还有一个不同点:病人的**期待**不同。在原始宇宙里,病人感受到自己正在接受治疗,他们会预期自己将被治愈,这种预期的效应非常强大。这就是医学里说的**安慰剂效应(placebo effect)**:病人只要以为自己获得治疗,病情就会好转。

而在平行宇宙里,病人来办公室看报纸,知道自己并没有获得治疗,所以安慰剂效应不存在。那么在原始宇宙里,**老魏的快乐催眠**

法和安慰剂效应都存在；而在平行宇宙里，这两个因素都不存在。所以，这仍然不是"最小变化的平行宇宙"。

平行宇宙版本3

无奈之下，我只好进一步升级我的理由。我说："这一次，我这里还是有20个抑郁症病人，其中10个治疗了一周，8个人好转；另外10个人每天也来我的办公室，但接受的是我的假治疗。也就是说，在同样长的治疗时间里，我会跟他们聊天，话里穿插一些心理学名词，但是不加入任何有效的心理治疗策略，只是让这些病人以为自己在被治疗。结果，这10个人里有5个人好转。8比5，这一回，你能相信我的疗法有效了吧？"

这一次，平行宇宙变成了——病人接受了老魏一周"假治疗"之后的宇宙。

这个平行宇宙和原始宇宙相比，不但时间点一致，而且存在安慰剂效应，剩下唯一的不同，似乎只有"老魏快乐催眠法"了。到这里，我终于创造出了一个基本上可以被接受的"最小变化的平行宇宙"，如果跟它相比，"老魏快乐催眠法"居然仍然有效，那我可能就真的可以松一口气，让别人相信我不是在吹牛了。

"最小变化"是摸索出来的

找到最小变化的条件做对比——这个道理虽然简单，但是要找到真正的"最小变化",很多时候都得像这个例子一样,一步步摸索出来。

而且,这种摸索可能永无止境。在上面这个例子里,我们真的找不到最后这两个宇宙的其他差别了吗?恐怕未必。我们只能尽可能地接近"最小变化"。

"最小变化的平行宇宙"这个思路,贯彻在心理学、医学和生物学的几乎所有实验研究里,只不过真正做科学研究时,科学家的说法肯定没这么科幻——科学家将这种方法称为**设置对照组**。

要知道一种新发明的药、新发明的心理咨询技术到底有没有疗效,一种新开发的教学手段能不能帮学生提高成绩,最关键的一点就是要创造一个变化最小的对照组来做比较。

案例:该不该禁游戏

这种思路当然也可以用在我们日常生活的思考里。

举个例子,假设有个专家反感未成年人玩游戏,说:"你看,现在有多少小学生、中学生都被手机游戏给耽误了!应该把小孩子的手机全部没收,立法禁止游戏公司让未成年人注册任何游戏。这样一来,那些沉迷游戏的孩子没游戏玩,就会好好学习了,那该多好!"

你觉得这位专家的推论靠谱吗?我们用"最小变化的平行宇宙"来考察一下。

在这个例子里,原始宇宙是一个**有游戏的世界,有些小朋友玩游**

戏荒废了学业。而"最小变化的平行宇宙"是一个**没有游戏的世界**。

请注意，在这个"最小变化的平行宇宙"里，除了游戏消失，**没有其他任何改变**。

这就意味着，在原始宇宙里不喜欢学习的那些孩子，在这个平行宇宙里仍然不喜欢学习——他们只是没有手机游戏可玩了，但他们仍然要找点事情做。那他们会不会从沉溺于玩游戏的、人畜无害的"熊孩子"，变成打架闹事、危害社会的小混混？情况会不会不仅没因为禁止游戏而好转，反而变糟了？

那位专家设想的美好情况，可能只会发生在第三个宇宙里——在那个宇宙里，除了没有游戏，学校体制也更完善，教学内容更吸引人，能让更多孩子热爱学习。所以，最关键的问题可能不在于禁止游戏，而在于改革学校的教学体制和教学内容。

从这个假想的例子里，我们也可以看到"最小变化的平行宇宙"这种思维方式适合用来推演生活里经常听到、看到的那些"禁止某事物"或"提倡某事物"之类的言论。现实中有些专家在提倡A的时候，其实会有意无意地加上B、C、D、E等条件，然后告诉我们A很好。

有了"最小变化的平行宇宙"，我们就有能力鉴别这些言论了。再遇上这种言论，我们就应该对这些专家说：

"喂，别偷偷给自己加戏啊！我们一次只改变一个因素行不行？"

到这里,"原理之上的原理"介绍完毕。虽然在这一章的开头,我们调侃了一下心理学,说"学了很多心理学知识,依旧过不好这一生",但其实我衷心希望,这本书里列举的心理学知识能让读者对自己、对自己的生活、对身边的这个世界,产生一些新的理解。

祝愿你带着这些理解,尽力过好你的人生。